르코르뷔지에 건축의 자연광과 지속가능성

친환경 건축을 추구한 빛의 건축가

르코르뷔지에 건축의

자연광과 지속가능성

이관석 지음

경희대학교 출판문화원

프롤로그

"우리는 자유로운 공기와 충만한 빛에 대한 심미안을 갖게 됐다."[1]

르코르뷔지에Le Corbusier, 1887-1965가 1923년에 초판을 발간한 저서 《건축을 향하여Vers une Architecture》에 나오는 위의 문장은 여러 생각을 하게 한다. 프랑스 철학자 파스칼Blaise Pascal, 1623-1662[2]과 데카르트René Descartes, 1596-1650[3]가 인간의 판단력을 밝혀준 덕분에 당시 편만했던, 죽은 정신에 대한 참을 수 없는 증거인 장식예술이 아니라 건축 안에 20세기의 인간이 있음을 깨달으며 내놓은 말이다. 이러한 언급은 익명의 엔지니어들과 기름 냄새가 밴 지저분한 철공소의 수리공들이 대형 여객선이라는 놀라운 작품을 고안하고 건조했다는 문장으로 이어진다. 그러면서 3,600명 정원의 아키타니아Aquitania 여객선[4]의 검은 실루엣을 배경으로 그 앞에 사진 몽타주 기법으로 파리에 있는 노트르담 대성당, 개선문, 가르니에 오페라좌 같은 건물의 정면을 같은 비율로 배열해, 새로운 기술로 놀라운 작품이 과거의 걸작들을 압도함을 보여줬다.

자유로운 공기와 충만한 빛. 르코르뷔지에는 자연광이 내부 공간성 형성에서 기능적·공간적·상징적으로 막중한 역할을 함을 강연과 글로 거듭 주장하고 자신의 작품에서 그것이 사실임을 증명했다. 그는 고향인 스위스 산악도시 라쇼드퐁La Chaux-de-Fonds을 떠나 영구 정착한 파리에서 건축가로서의 경력 초기에 자유로운 공기를 함께 언급했다. 이는 그가 당시에 자연광과 함께하는 새로운 건축을 지향하면서 그 바탕에 건축이 마땅히 감당해야 할, 주거환경에서의 위생적 측면을 고려했음을 시사한다. 르코르뷔지에 건축에서 자연광과 함께 거주자들의 건강과 편안함을 고려해 건물의 계획, 설계, 건설, 운영, 그리고 폐기와 같은 모든 단계에서 환경, 사회, 경제적인 측면을 고려하여 지속 가능한 방향으로 건물을 개발하고 유지하는 개념인 지속가능성[5]에 관해 이 책을 쓰게 된 동기다.

아름다움을 살필 수 있는 안목인 심미안을 갖게 됐다는 것은 이전에 없던 것을 새로 발견한 것이 아니라 이미 있는 아름다움을 주의하여 잘 둘러봐서 이제 구별할 수 있게 됐다는 의미다. 빠른 산업화와 더불어 인구가 급증한 19세기 말 20세기 초는 유럽 도시들이 그 이전에는 인간이 의식하지 않고도 풍족하게 누려왔던 신선한 공기와 풍성한 햇빛을 잃은 시기였다. 우후죽순처럼 생겨난 공장과 비좁은 서민 거주지역은 화석연료를 태우며 생긴 연기와 그을음, 어둡고 축축한 습기 속에 절어 있었다. 부유층이 사는 거리조차도 건축의 암흑기였던 19세기에 만연했던 절충주의에 빠져, 오염된 공기 속에서 자연광은 한껏 치장된 건축 내외부의 사치스러운 표면을 조명하는 역할에 만족했다. 이 책에서 주목하는, 20세기 초반 이후 이런 상황을 극복하려 애쓴 근대건축에서 자연광의 역할이 중시되고 위상이 드높아진 것은 그 빛을 받는 면이 평탄하고 단순해 빛을 온전하게 받아낸 덕분이다. 르코르뷔지에는 그때에야 비로소 과거 건축의 질식할 것 같은 장식의 성역을, 잔뜩 치장된 곳을 더 돋보이게 하는 하수인의 역할을 벗어난 자연광의 진면목을, 본연의 아름다움을 살필 수 있는 안목을 갖게 된 것을 깨달았다. 자연광이 근대건축의 추상성과 어우러져 서로의 속성을 부각한 것이다.

이 책의 세 키워드인 르코르뷔지에, 자연광, 지속가능성을 함께 엮는 기술記述은 간단치 않다. 먼저, 르코르뷔지에와 자연광의 만남을 살펴보자. 르코르뷔지에는 자타가 공인하는 빛과 공간의 건축가다. 그의 건축에서 자연광과 어우러진 내부 공간의 참된 내용과 모습은 후대 건축가들에게 많은 영감을 주었다. 그 후 건축을 말할 때 필수 불가결한 핵심 건축재료가 된 빛에 관한 언급은 당연해졌다. 하지만 르코르뷔지에의 여러 건축물에서 빛을 직접 체험하고 나름 소화해온 필자에게도 공간과 자연광의 조화라는 측면에서 궁극을 보여주는, 형태·색채·빛

| 롱샹 성당 외관

| 라투레트 수도원 외관

과 그림자·시각적 음향까지 포함한 '종합예술로서의 건축'의 면모를 드러낸 롱샹 성당Chapelle Notre Dame du Haut, Ronchamp, 1950-1955과 라투레트 수도원Couvent Sainte-Marie de la Tourette, Eveux-sur-Arbresle, 1953-1960의 예배공간에서의 자연광에 관해서라면 얘기가 달라진다. 규모가 있는 건물임에도 두 예배공간에는 당초에 전기를 이용한 인공광 없이 제단 위의 촛불 외에는 자연광만으로 밝혀지게 계획됐다. 오늘날에는 최소한의 인공광이 추가되어 있지만, 여전히 자연광이 절대적 위상을 차지하고 있다.[6] 자연광을 통한 공간 드러냄에 의지하는 이 두 곳에서 르코르뷔지에의 표현을 빌리면 '형언할 수 없는 공간l'espace indicible', 즉 말로 표현할 수 없는, 또는 말로 다 할 수 없는 공간을 조성하는 데 주도적 역할을 하는, 형상과 공간 전체가 어우러져 발현되는 건축적 감동의 핵심 인자인 자연광을 서투른 글로 설명하는 것이 가능한지, 그럴 필요가 있는지부터 고심된다. 프랑스 건축가 리옹Dominique Lyon, 1954-은 무한한 양의 자유를 수반한 롱샹 성당을 두고 "쉽게 감동적일 수는 있지만, 그것을 정의할 단어를 찾을 수 있다고 기대해서는 안 된다."[7]고 말한 바 있다.

롱샹 성당은 이전의 직각과 평탄한 면들로 이뤄진 합리적인 작업과 너무 달라 깊은 우려와 많은 논쟁을 불러왔다. 롱샹 성당에 대해 건축 역사학자 페브스너Nicolaus Pevsner, 1902-1983는 저서 《유럽 건축사 개관*An Outline of European Architecture*》에서 버섯의 모자 같은 지붕을 인 채 완전히 임의적인 위치와 모양의 많은 작은 창들을 통해 빛이 투사되는 롱샹 성당이 새로운 비합리주의의 이정표라며 무형식과 설명 불가의 형태인 롱샹 성당을 논평했다.[8] 건축가이자 건축잡지 《카사벨라 *Casabella*》의 발행인이었던 로저스 Ernesto Rogers, 1909-1992는 갈등을 유발한 이 성당을 "합리적인 것을 넘어서는", 즉 전후 재건사업의 주류였던 표준을 넘어서려는 노력으로 칭송했다. 예술사학자 아간 Giulio C. Argan, 1909-1992은 롱샹 성당을 통해 르코르뷔지에가 비이성적인 것에 의존하는 합리주의에 대한 공격을 시작했다고 봤다. 여기에 신앙이 없었던 예술가 르코르뷔지에가 변덕스러운 형식과 연극적 공간, 최면적 빛을 사용했고, "가난한 평민들이 믿도록 설득"하기 위해 "기도하는 기계"를 설계했다는 비난도 덧붙였다.[9] 오늘날 이 주장은 억지스러운 것으로 받아들여진다. 르코르뷔지에가 롱샹 성당 작업을 진행하던 중 뒤에 다시 설명할 쿠튀리에 신부 M.-A. Couturier, 1897-1954의 추천으로 위임받은, 롱샹 성당과 마찬가지로 리옹 도미니크회의 지방지부에 속하는 라투레트 수도원에서 다시 직각을 바탕으로 한 지극히 합리적이고 순수 기하학적인 구성에서도 롱샹 성당에서의 건축적 감흥이 그대로 발현됐기 때문이다.

쉽지 않은 과제임에도 여기서 빛 읽기를 감행하는 것은 사소한 부분에서도 의미를 찾을 수 있는 르코르뷔지에의 작업 중 대표작인 이 두 예배공간에서 빛 유입구의 위치와 모양, 방법을 르코르뷔지에가 그렇게 결정한 데는 분명 합당한 이유가 있을 것이며, 내부를 밝히는 조명 용도를 넘어서서 공간에 생명을 불어넣으며 감동의 차원까지 건축을 격상시키는 데 자연광이 나름의 역할을 하고 있다고 믿었기 때문이다. 르코르뷔지에 일생의 '끈기 있는 탐구 la recherche patiente'가 집대성된 작업에 대한 이해라면 반걸음이라도 내디딜 가치가 있다고 보는 것이다.

르코르뷔지에와 지속가능성의 조합은 다른 측면에서 쉽지 않다. 그의 건축을 지속가능성이나 친환경 측면에서 진지하게 들여다본 연구는 지금까지 없었다. 그는 현대건축의 도래와 형성에 지대한 영향을 미쳤지만, 다른 한편으로는 오늘날의 건축과 도시를 건조하게 만든 장본인으로 여겨지기도 한다. 그가 활동했던 시기는 재료, 에너지, 개발 공간, 생태계 전반의 사용에서 효율성과 조절을 통해 건물의 부정적인 환경 영향을 최소화하려는 지속가능성에 대한 고민이 전혀 없었던 때였다. 르코르뷔지에에게 이러한 선입견이 생긴 것은 전 세계에 영향을 끼친 1920년대 그의 상자형 백색 건축이 각 지역의 문화적·기후적 산물인 지역건축을 경시했다는 지적과 함께 그가 남긴 많은 글과 강연을 통한 남다른 언사, 특히 도시계획 작업에 수반된 논쟁의 여운이 길었기 때문이다.

오늘날 가속화되는 기후 변화와 맞물려 건축에서의 친환경적 접근 방식에 관한 관심은 날로 커지고 있다. 가능하면 기계적 냉각, 난방, 환기, 조명 수요를 줄이거나 제거하면서도 건물 내부에 쾌적한 환경을 조성하기 위해 '천연' 난방, 냉방과 환기의 사용을 극대화하려는 패시브 디자인에 관한 연구도 가속화되고 있다. 2050 탄소중립선언[10]에 따라 신규 건축물 제로에너지 건축 의무화 추진과 아울러 기존 건축물의 그린 리모델링도 건축계의 눈앞에 닥친 과제로 떠올랐다.

오랜 기간 한 장소를 점용하는 건축의 특성상 입지한 지역의 기후에 저에너지 사용으로 잘 대응하는 것은 과거나 지금이나 바람직하다. 오늘날 건축의 폭넓은 환경친화적 조치의 잣대로 환경 보호 인식 자체가 없었던 지난날의 건축을 평가할 수는 없지만 그때나 지금이나 변함없이 중요한, 건축가의 작업에 투여되는 맥락적 고려 중 기후에 따른 건축적 대응에 르코르뷔지에 같은 건축가가 정말 무심하거나 소홀했을까? 하는 의문을 가졌다.

이에 대한 답을 찾기 위해 르코르뷔지에의 건축이 비환경적으로 인식된 이유를 먼저 찾아본다. 그가 파리에서 건축가로 활동하는 내내 당시 건축의 주류였던, 에콜 데 보자르École des Beaux-Arts[11]로 대변되는 보수적인 건축 세력과 겪었던 갈등들 자체가 원인이었음을 확인할 수 있다. 이어서 그의 1920년대 건축 이론을 집약한 것으로 근대건축의 형성에 큰 영향을 미친 '새로운 건축의 다섯 가지 요점Les cinq points d'une architecture nouvelle'을 주거환경 개선의 관점으로 다시 읽어본다. 불어 Point('뿌앵'이라고 발음한다)에는 '원칙'이라는 뜻도 있어 새로운 건축이 반드시 따라야 할 원칙처럼 받아들여져 반대자들의 질타를 받기도 했지만, 이 요점의 이면에서 위생과 직결된 환기와 빛의 도입 이유를 확인할 수 있을 것이다. 이후 잠깐 옆길로 빠져 르코르뷔지에가 인간 중심의 건축과 도시를 고심한 증표인 표준과 유형, 모뒬로르Modulor에 대한 그의 탐구를 살펴본다. 마지막으로, 특히 고온다습해 기후적으로 열악한 지역에서 그가 구사한, 당시 건축에서 찾아보기 쉽지 않은 지속 가능하고 패시브한 친환경적 배려를 추적하고 그 의미를 살펴본다.

이제 르코르뷔지에와 자연광, 지속가능성이라는 삼자를 대면시켜 보자. 앞에서 살펴본, "우리는 자유로운 공기와 충만한 빛에 대한 심미안을 갖게 되었다."라는 문장에서 삼자의 조합 가능성이 엿보인다. 이 책의 전반부에서 르코르뷔지에의 자연광을 논하면서 먼저 그가 자연광에 관심을 갖게 된 이유로 위생적 차원을 거론하는 이유기도 하다. 뒤에 설명할, 약도 없는 상태에서 사망원인 1·2위였던 독감과 결핵의 창궐에 건축과 도시가 아무런 대처를 못 하던 당시 상황을 직시하고 빛이 풍부하고 환기가 잘 되는 주거환경을 꿈꾼 것이 자연광 중시의 바탕에 깔려 있음을 확인하려는 것이다. 이후 르코르뷔지에가 세계 곳곳에 건물을 짓게 되면서 태양의 열기가 문제가 되는 지역에 대한 대응법도 세워야 했는데, 건축가라면 당연히 해야 했을 기후에 대응한 지역적 적응성 측면에서의 지속가능성 면모를 르코르뷔지에의 건축에서 확인하고자 한다.

"진리의 정신은 지위나 예절에 관심을 두지 않으며, 결과를 두려워하지 않는다."[12]라고 생각한 르코르뷔지에는 당시 건축의 주도권을 쥐고 있던 보수적 건축가들로부터 전방위적 공격을 거듭 당하면서도 수술이 필요한 중병에 걸린 건축과 도시를 향한 혁신적인 제안을 멈추지 않았다. 그는 1911년에 떠났던 동방여행의 기록을 54년이 지난 1965년에 정리했으나 그해 8월 지중해에서 수영 중 심장마비로 사망했다. 이 원고는 사망 이듬해에 《동방여행 *Le Voyage d'Orient*》이라는 제목으로 출간됐는데, 그는 이 책의 머리말에서 "나는 어리석은 짓을 많이 저지른다. 낭패스럽게도 가까운 지인들의 의견과 매우 다른 옷으로 바꿔 입었고, 필요 이상으로 자기당착에 빠지기도 했다."[13]라고 지난날을 회고했다. 이렇게 당시의 그릇된 대세에 도전하는 고뇌와 함께 확신에 찬 발걸음이 겨냥한 옳음에의 불확실성으로 불완전한 인간인 르코르뷔지에도 내적 갈등은 피할 수 없는 숙명이었지만, 그는 앞장서 걸어갔고 건축과 도시에서 자연광의 가치와 환경에 대한 대응에 모범을 보였다. 당시 주민 숫자가 급증하면서 환경과 사회적으로 재앙을 맞은 파리를 구원코자 한 르코르뷔지에의 갈망에 공감하고 그 논리를 존중한 후에야 그의 초기 도시계획안에 내재한 문제점을 제기할 수 있다는 알랭 드 보통 Alain de Botton, 1969- 의 지적[14]에 공감하며, 르코르뷔지에에 대한 선입견을 내려놓고 그가 불리한 기후조건에 건축적으로 어떻게 대응했는지를 고찰해보고자 한다. 까면 깔수록 더 신선하고 맛난 속을 지닌 햇양파나 여린 배추처럼 맘먹고 파고들수록 싱싱한 생기를 내뿜으며 예상치 못한 길목으로 들어서게 하는, 화수분 같은 그의 건축을 다시 만나러 가는 발걸음은 언제라도 의미가 있다는 믿음을 갖고.

목차

Chapter 1

르코르뷔지에의 종교건축 예배공간에 유입된 자연광의 역할과 의미

자연광에 대한 르코르뷔지에의 인식

자연광의 중요성 부각은 모더니즘 건축의 주요 특성 중 하나다. 인간은 구조물 축조를 통해 공간을 만들고 빛과 공기를 들여 그 안에 살았다. 빛이 없는 동굴을 빠져나온 것이다. 석재를 쌓아 올린 규모 있는 전통 서구건축물에서는 물질이 절대적 위상을 차지하고 공간과 빛은 재료의 위세에 눌려 있었다. 건물의 구조적 안전을 위해 두꺼운 돌벽에 조심스럽게 뚫린 작은 창을 통해 유입된 약간의 자연광에 만족했다. 이후 구조와 재료 및 공법의 발전으로 벽이 얇아지고 마침내 기둥이 건물의 무게를 담당하게 되어 외벽의 원하는 곳에 맘껏 창을 낼 수 있게 되면서 그 이전까지 숨죽이고 있었던 공간과 빛은 기지개를 켜고 주인공으로 나서게 됐다.[1] 20세기 초반부터 활발히 전개된 모더니즘 건축은 이러한 특성을 더욱 돋보이게 해 20세기 내내 자연광은 건축의 가장 긴요한 재료로 자리매김했다.

공간을 중시해 투시도를 손으로 세밀하게 그렸던 건축가들은 자연광에 의한 효과를 잘 표현하고자 애썼다. 중요한 장면에서는 빛이 어느 방향에서 어떤 각도로 들어왔을 때 어떤 모습인지를 그림자와 함께 확인하며 공간을 세심하게 다듬어나갔다. 안도 다다오Ando Tadao, 1941-나 페터 춤토르Peter Zumthor, 1943-처럼 모더니즘 건축의 정신으로 작업하는 건축가들은 지금도 손으로 그린 드로잉을 통한 빛 표현으로 건축적 구상을 이어간다. 다양한 빛의 표현, 중첩된 공간 등으로 건축을 '체험하는 공간'으로 받아들이는 '현상학적phenomenological 건축론'[2]을 주창하는 스티븐 홀Steven Holl, 1947-은 항상 수채화로 밑그림을 그리는데, 빛을 수용한 공간감을 느낄 수 있기 때문이라고 했다.[3] 이들이 공유한 자연광의 중요성 인식은 안도 다다오의 빛의 교회Church of the Light, Ibarakishi, 1987-1989, 페터 춤토르의 브루더 클라우스 필드 채플Bruder Klaus Feldkapelle, Mechernich, 2007년 완공, 스티븐 홀의 성 이그나티오스 채플The Chapel of St. Ignatius, Seattle, 1997년 완공처럼 빛이 주인공이 되는 출중한 종교건축을 낳았다.

하지만 최근 들어 건축에서 자연광에 관한 관심은 점차 감소하기 시

| 안도 다다오의 빛의 교회 내부

작해 요즘은 이에 관련된 언급마저 확연히 줄었다. 건축 작업에 도입된 컴퓨터는 건축으로의 접근법에 큰 변화를 가져왔다. 컴퓨터와의 밀착은 시간 절약과 생산성 향상, 정확한 모델링을 통한 오류 최소화와 정확성 향상, 시각화로 인한 쉬운 의사소통, 수정의 용이성, 비정형적 건축에의 용이한 접근 같은 장점을 가져다주었다. 반면에 삶과 인간에 대한 이해, 문화적 소양, 역사의식, 이성과 감성의 고른 배양 등 준비할 것이 많은, 꿈을 가꿔야 하는 건축학도와 젊은 건축가들이 소프트웨어와 기술적 지식 습득에 시간과 노력을 들이지 않을 수 없게 됐다. 그러면서, 컴퓨터가 생성한 알고리즘에 의존해 패턴화된, 때론 비정형적인 결과물을 창의성으로 오해하고, 문명의 이기가 우리의 오감을 오그라뜨림을 이해하지 못하고, 건축과 연관된 기술이 진정성 있는 인간의 능숙한 손과 명석한 머리와 뜨거운 가슴을 필요로 하는 것을 잊어가고 있다. 기계에 올바르게 명령할 안목은 키우지 못한 채 기계에 의존하기 시작한 것이다. 스티븐 홀은 이런 상황에 대해 "요즘 학생들은 엄청난 인터넷 정보의 바다에 살지만 지식의 깊이는 1인치도 안 된다. 깊이가 없다"라며 탄식했다. 오늘날 건축 작업의 디지털

| (상) 브루더 클라우스 필드 채플 내부
(하) 스티븐 홀의 성 이그나티오스 채플 내부

전환은 선택이 아닌 필수지만, 컴퓨터에게 명령할 인간이 준비를 잘하고 있는가에 대해서는 의문이다.

이렇게 자연광에 대한 인간의 본능적 친밀감은 외면되고 멀어져가며 잊히고 있다. 어둠을 물리치는 인공광이 도처에 있어 밤에마저도 어둠이 쫓겨나고 하늘의 별이 사라진 현실에서 건축을 감동의 수준으로 높이는 데 핵심적 역할을 하는 자연광의 존재의미는 희미해져 간다. 미래의 건축가를 길러내는 학교 교육에서도 빛의 위상은 약해지고 있다. 아직 건축이 뭔지 모르고 기본도 갖춰지지 않은 채 배움의 과정에 있는 저학년 학생들에게도 전체를 이해해야 거기서 추출할 수 있는 '개념concept'을 요구하며 건축을 형태 위주로 이끄는 행태가 날로 심해지고 있다. 설사 그렇게 건축에 접근하더라도 자연광이 소중하다는 사실은 변함이 없다. 비가시적인 것에 대한 가치를 잃어가는 요즘이지만 첨단 기계가 생존을 좌우하는, 맑은 공기와 깨끗한 물, 환한 햇빛을 잃은 디스토피아적 미래 영화 같은 주거환경을 원하지 않는 한 자연광을 소홀히 대해서는 안 된다.

위생 차원에서의 자연광

르코르뷔지에의 말과 글을 통한 자연광의 중요성 강조와 그의 작업에서 실현된 탁월한 본보기들이 다수 있지만, 어떤 이유로 그가 처음 그런 생각을 하게 됐을까? 자연광에 대한 그의 인식은 확실히 다른 근대건축 거장들과도 구별될 만큼 각별하고 뚜렷했다. 르코르뷔지에는 겨울이면 눈이 2미터 이상 쌓이는, 해발 1,000미터 높이에 있는 스위스 산악도시 라쇼드퐁 출신으로 화가가 되고 싶었으나, 건축가로서의 대성 가능성을 믿은 스승 레플라트니에 Charles L'Eplattenier, 1874-1946에 의해 건축가의 길을 강요받으며 내적 갈등을 겪었다.[4] 그러던 중 1907년에 뭔가 '순수한 것들 choses déintéressées'을 찾아 처음 출발해 1917년 파리에 영구정착할 때까지 여러 차례의 장기 여행 체험을 통해 "여행은 다른 곳에서의 빛이 어떠한지를 보여준다."[5]라고 말할 수 있게 됐다. 이때의 경험은 앞에서도 언급된 저서 《동방여행》과 1920년 초반에 발행되어 전 세계 문화계에 지대한 영향을 미친 잡지 《레스프리 누보 *L'Esprit Nouveau*》[6]의 기사들, 《건축을 향하여》와 《프레시지옹 *Précisions sur un État Présent de l'Architecture et l'Urbanisme*, 1930년 발간》처럼 잡지에 실은 논평들을 기반으로 쓴 여러 책에 적혀 있어 그 시기에 르코르뷔지에가 건축에서 자연광의 소중함을 확실히 체득했음을 확인시켜 준다.

이렇게 르코르뷔지에가 자연광을 건축의 기본으로 받아들인 것을 살펴보기 전에 먼저 그가 자연광을 위생 차원에서도 눈여겨본 것을 주목하고자 한다. 이 책의 후반부가 위생과도 관련 있는, 그의 건축의 친환경적 지속가능성에 대한 것인 만큼 거주자의 건강을 지키는 건축의 일차적 임무와 연관된 자연광의 역할을 먼저 보기 위함이다. 프랑스 의사이자 위생학자였던 윈티 Pierre Winter, 1891-1952는 1936년 2월에 프랑스 학사원에서 르코르뷔지에를 소개했다. 윈티는 르코르뷔지에에 대한 전반적인 오해와 관립 학교들의 몰이해에 분노와 조바심을 느낀다며 그의 《레스프리 누보》와 《건축을 향하여》가 새로운 건축을 향하여, 새로운 삶의 장비를 향하여, 새로운 건강을 향하여, 건강한 사람들을 위한 새로운 의학을 향하여 오늘날의 인간을 해방시킨다고 강조한 바 있다. 거주환

|《인간의 집》의 첫 삽화인, 나무들이 해를 향해 성장하는 그림

경 개선을 위한 르코르뷔지에의 노력에 공감한 원티는 르코르뷔지에가 빛의 중요성을 재발견한 건축가임을 확신했다.[7]

르코르뷔지에가 1942년에 프랑스 엔지니어이자 도시계획가인 드피에르프 François de Pierrefeu, 1891-1951와 함께 제2차 세계대전 후 프랑스 재건을 위한 일련의 행동지침으로 쓴 책《인간의 집 *La Maison des Hommes*》의 첫 삽화도 "인간은 태양 에너지의 산물이다."라는, 1927년 노벨 물리학상을 받은 드브로글리 Louis de Broglie, 1892-1987의 언급과 함께 나무들이 해를 향해 기울며 성장하는 그림이다. 또한 태양의 24시간 운행이 도시계획자들의 모든 계획의 기준임을, 인간을 위해 건설하는 것은 도시 이론의 원칙이자 열쇠인 태양을 즉각 회복하는 것임을, 인간이라는 존재는 "태양 에너지의 변압기"일 뿐이고 태양의 주기와 방사만이 어떻게 건설할 것인지 우리에게 가르쳐줌을, 태양이 집의 방향을 결정함을, 필수적인 즐거움인 태양, 공간, 녹지가 우리의 육체와 영혼을 형성하는 오래된 결정적 인자임을 책 곳곳에서 말하면서 폐허가 된 유럽 도시들을 재건하며 거주자의 위생과 건강을 회복하는 바탕에 햇빛이 중요함을 거듭 밝혔다.[8]

자연광은 그 존재만으로 비타민 D 생성, 생체 리듬 조절, 정서적 안정감 도모, 시력 개선, 스트레스 감소, 창의성과 집중력 향상 같은 건강과 웰빙에 긍정적 효과를 끼쳐 우리의 정서적 상태와 삶의 질이 향상되는 데 도움을 준다. 그런데 생활환경이 대폭 개선된 오늘날의 시각으로 본 이런 이해는 20세기 초의 사람들과는 무관했다. 급격한 산업화로 도시 인구가 급팽창하면서 극심한 주거난이 야기됐던 당시의 사망원인 1·2위는 독감과 결핵이었다. 결핵 백신이 1921년에, 최초 항생제인 페니실린이 1928년에 나왔지만, 그 후로도 오랜 기간 창궐했던 독감과 결핵에 대비한 건축적·도시적 대응책은 전무했다. 그런 측면에서 위생의 시각으로, 도시위생 문제 해결을 위한 기본적 조처로 자연광을 바라본 르코르뷔지에의 인식은 독특하면서도 의미 있다.

이러한 관점은 그가 파리로 이주한 후 본격적으로 근대 건축가로서의 발걸음을 막 떼며 1920년대 그의 건축 작업의 트레이드 마크였던 백색 상자형 주택의 첫 결실인 베스뉘 주택Villa Besnus, Vaucresson, 1922-1923이 완공되기도 1년 전인 1922년에 발표한 '빌라형 공동주택l'immeuble-villas 계획안'과 '300만 거주자를 위한 현대도시Une Ville Contemporaine de

| 1923년에 완공된 르코르뷔지에의 첫 백색 상자형 건물인 베스뉘 주택

3 Millions d'Habitants 계획안'에서 당시 도시건축에 얽혀 있던 환기와 채광의 문제점을 개선하려는 의지가 뚜렷하게 드러난 데서 그 타당성을 확인할 수 있다.

| 르코르뷔지에가 1922년에 발표한 '빌라형 공동주택 계획안'

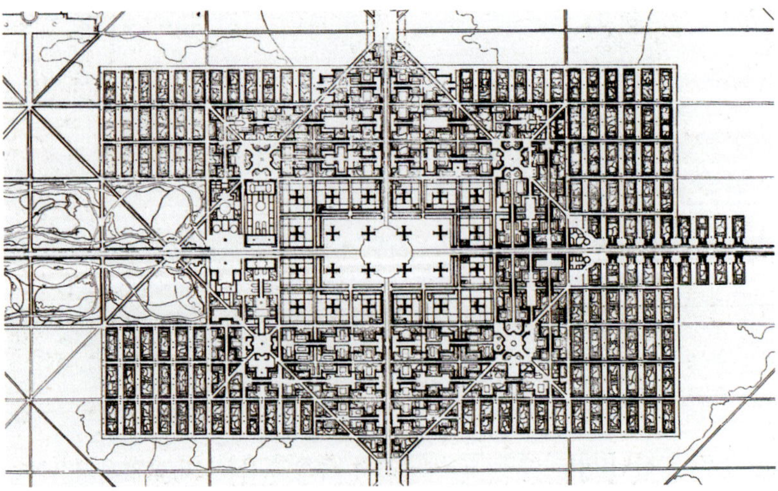

| 르코르뷔지에가 1922년에 발표한, '300만 거주자를 위한 현대도시 계획안'의 배치도

한 층의 평균 높이가 3.5미터인 기존 주거형식을 높이 6미터의 복층형으로 대체할 것을 제안하면서 세대마다 '들린 정원jardin suspendu'을 도입한 '빌라형 공동주택 계획안'은, 비록 단독주택이기는 하지만 이 정원이 적용된 사부아 주택Villa Savoye, Poissy, 1929-1931에서처럼, 그에게 "삶의 중심 가까이에 신선한 공기를 잘 통하게 하는 현대적인 방안"이었다.[9] 2층에 '들린 정원'이 도입된 사부아 주택에서는 바닥 여기저기를 열어 실내 차고 등 아래층 중심부에 자연광을 들였다. 2층의 중심부에 위치해 외벽을 면한 창을 둘 수 없는 중복도, 목욕실, 화장실 같은 곳에도 어김없이 천창이 있어 집의 깊은 곳까지 자연광이 들어오지 않는 곳이 없게 했다. 오늘날이라면 아무 문제도 없었을 통기와 채광을 위한 이런 시도가 당시의 미흡한 방수재료와 시공기술로 인해 집 안 곳곳에 누수를 일으켰다. 하지만 르코르뷔지에에게는 멈출 수 없는 시도였다.

(상) 사부아 주택의 '들린 정원'
(하) 사부아 주택의 목욕실에 유입되는 자연광

'300만 거주자를 위한 현대도시 계획안'에 도입된, '들린 정원'과 넓은 중정을 지닌 '빌라형 공동주택'이나 중정이 없이 요철형으로 배치된 공동주택과 함께 60층 높이인 마천루가 네 날개 길이가 같은 스위

| (좌) 사부아 주택의 실내 차고에 유입되는 자연광
(우) 사부아 주택의 중복도에 유입되는 자연광

스 십자형 평면으로 3년 후인 1925년 파리 부아쟁 계획 Plan Voisin à Paris과 같이 네 날개 모두에 각각 네 개씩의 작은 돌출부가 붙어 있는 것에서, 1930년 "닭발형 en patte de poule" 평면의 데카르트식 마천루 Gratte-ciel cartésien에서, 1933년 알제리의 도시화 연구의 별 모양 평면의 마천루에서 가능한 한 외기를 접하는 면을 많이 확보해 환기에 도움이 되고 햇빛을 들이려는 르코르뷔지에의 염원을 볼 수 있다. 그가 도시의 모든 마천루가 이런 특이하고 일률적인 모습을 지녀야 한다고 주장하는 것은 당연히 아니다. 분명한 의도의 표상일 뿐이다.

르코르뷔지에가 '300만 거주자를 위한 현대도시 계획안'을 발표한 지 3년 후 그 아이디어를 파리에 적용한 '파리 부아쟁 계획안'을 발표했고, 300만 주민이라는 숫자가 당시의 파리를 겨냥했다는 생각을 부추겼지만, 이 계획안은 파리가 아닌 어느 이상적인 땅을 가정하고 있었다. 기존의 특정한 개별 조건을 극복하는 것이 아닌, 엄격한 이론적 공식을 구축하고 현대 도시계획의 근본 원리들을 공식화하는 것이 목표였다.[10] 그에게 도시계획은 인간을 위한 충실하고 창조적인 연구 분야로서 사소한 이기심과 자질구레한 일에 매달리지 않고, 삶을 알아내고 삶을 따르려는 노력을 기울여야 했다.[11] 환경과 관련된 빛과 환기, 급속히 혼잡해져 가는 도심의 교통상황을 해결하려는 시급성이 바탕에 있었다. 이렇게 먼저 이론적 공식과 원칙을 정립한 후 파리, 런던, 베를린, 뉴욕 같은 대도시에 적용해보고자 했다.[12]

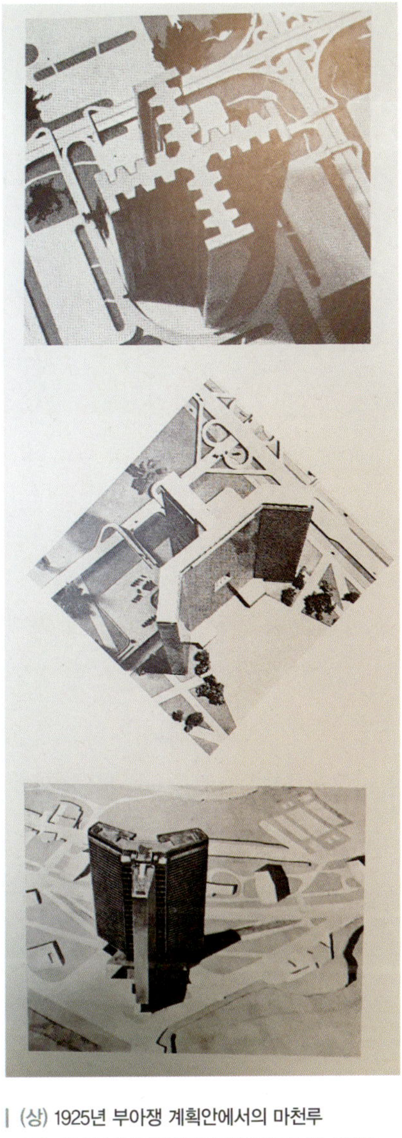

| (상) 1925년 부아쟁 계획안에서의 마천루
(중) 1930년 "닭발형" 평면의 데카르트식 마천루
(하) 1933년 알제리의 도시화 연구에서의 별 모양 평면의 마천루

파리에 정착한 지 5년밖에

안 된 시기에 고향을 제외한 파리에서 아직 자그마한 주택 하나 완공시키지 못했던, 자신의 신분이 글의 신뢰성을 떨어뜨리고 자기를 향해 날아들 강한 비판이 집중되는 것을 피하기 위해 샤를 에두아르 장느레 그리 Charles-Édouard Jeanneret-Gris라는 본명이 아닌 르코르뷔지에라는 필명으로 늘 첨예한 논쟁을 불러왔던 《레스프리 누보》의 건축과 도시 관련 글을 써온 35세의 이방인 젊은이. 그가 유사한 예가 없는 너무나 도전적이고 획기적인 도시계획안을 터뜨렸으니, 프랑스의 보수적인 건축가와 도시계획가들은 경악했다. '무슨 뚱딴지 같은 소리인가?'라는 분란을 가져왔지만, 이 제안은 젊은 르코르뷔지에가 한순간 반짝하는 아이디어를 내지른 것이 아니었다.

도시에 대한 르코르뷔지에의 관심은 그의 건축관이 아직 확고하게 정립되기 이전인 1910년에 이미 시작됐다. 1870년에 뒤늦게 통일된 독일이 1907년 설립된 독일공작연맹 Deutscher Werkbund을 통해 응용예술을 획기적으로 발전시켜나가고 있음을 눈여겨본 스승 레플라트니에는 1908년에 이미 르코르뷔지에에게 독일 건축가와 일하며 수련을 완성하기를 권했다. 르코르뷔지에의 모교이자 자신이 재직 중이던 라쇼드퐁 예술학교 École d'art de la Chaux-de-Fonds에 '연합예술아틀리에 Atelier d'Art Réuni' 설립을 후원하고 응용예술의 현대화를 통한 유익을 강조할 목적으로 독일 응용예술운동 연구를 위한 기획안을 준비하던 레플라트니에는 1910년에 르코르뷔지에를 독일로 보내며 연구비로 쓸 장학금을 마련하기 위해 《도시 구성 *La Construction des Villes*》이라는 심도 있는 도시계획 연구서 발간을 계획했다. 이 연구를 책임진 르코르뷔지에는 이듬해까지 독일의 여러 도시를 답사하면서 독일공작연맹의 핵심 인물들을 만나고 학교들을 둘러보며 80여 개의 도시 관련 저서와 원고들을 숙지했다. 그 내용의 방대함에 비해 짧은 연구 기간으로 인해 《도시 구성》 연구가 완성되지는 못했지만,[13] 이때 르코르뷔지에는 유럽 도시들의 블록, 가로, 광장 등을 샅샅이 탐구했다. 개인이나 라쇼드퐁 시립도서관, 르코르뷔지에 재단Fondation Le Corbusier 등에 분산 소장 중인 이때의 원고는 뒤늦게 그 존재가 확인되고 연구되어 최근에 책으로도 발간됐다.[14] 이 원고들은 르코르뷔지에가 과거 도시 구성방식의 단점뿐 아니라 장점도 잘 파악하고 있었고, 그의 도시계획의 지향성과 대척점에 있다고 여겨졌던 지테Camillo Sitte, 1843-1903의 저서 《예술적 원리에 따른 도시계획*Städtebau Nach Seinen Künstlerischen Grundsätzen*》의 내용에도 그가 상당 부분 공감하고 있음을 알려준다. 그가 이후의 도시계획에서 집요하게 해체하려고 했던 중정의 효용성과 존재가치도 파악하고 있었다.

그 후로도 1917년까지 유럽의 여러 지역을 탐방했던 르코르뷔지에는 '300만 거주자를 위한 현대도시 계획안'을 발표하기 7년 전인 1915년에 파리 국립도서관에 들어앉아 19세기 후반의 사회 사상가들이 노동자 계급의 생활개선에 집중해 개발한 여러 노동자 주택 건설 프로그램에 포함된 길고 힘든 사회적 행동 통제 연구들을 카드로 정리하고 분석하면서 현대도시를 맘속에 그려가기 시작했다. "필요의 결정la détermination des beoins"과 "생산품produit de la Productuon" 주택이라는, 19세기에 제시된 두 모델의 공존을 시도한 것이다.[15]

르코르뷔지에는 1929년 도시를 재조직하기 위한 모스크바 당국의 질문서에 대한 회신에서 이성적인 체계로서 새로운 도시 시스템을 위한 기준 격자grille가 적용된 '빛나는 도시Ville Radieuse'를 제안했고, 이듬해 브뤼셀에서 열린 제3차 근대건축국제회의Congrès internationaux d'architecture moderne[16]에서 '빛나는 도시'라는 새로운 비전을 공식화했다. '기능적 도

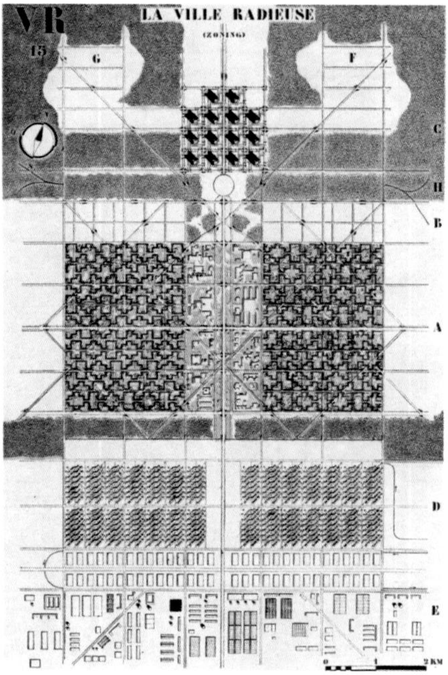

| 1930년 브뤼셀에서 열린 근대건축국제회의에서 제안된 '빛나는 도시'의 구역계획, a) 주거, b) 호텔, 관용건물, 대사관, c) 업무구역, d) 공장, 제조업, e) 중공업, f & g) 정부나 사회연구센터 등이 위치한 위성도시

시The Functional City'라는 주제로 근대건축국제회의에서의 논의대상을 도시계획으로 본격적으로 넓힌 1933년 제4차 회의는 33개 도시에 대한 분석을 바탕으로 당시 도시가 직면한 사회 문제를 엄격한 기능적 분리와 넓은 간격으로 배치된 높은 아파트 블록으로 인구를 분배함으로써 해결할 수 있다고 제안했다. 르코르뷔지에는 1935년에 이때의 논의를 바탕으로 저서 《빛나는 도시*La ville Radieuse*》를 발간했다. 중심성이 강했던 그의 이전 도시계획에 비해 확장성을 많이 고려하면서 '태양과 공간, 그리고 초목'으로부터 얻는 '순수한 즐거움'을 제안한 것이다.[17] 이때의 "빛나는"이라는 용어는 기능적인 함의나 기술적인 문제(합리주의와 기능주의)를 넘어선 내면적인 의식, 즉 기계의 시대에 인간이 지니게 된 새로운 자각을 순수하고 또렷한, 기본적인 형태로 표현하는 것으로, 이 새로운 인식에 비추어 도시계획과 건축의 문제를 생각하는 것이다.

제4차 근대건축국제회의의 의사록은 이 책과 1930년대 초반에 이 회의에서 수행됐던 도시 연구를 기반으로 하여 1943년에 르코르뷔지에에 의해《아테네 헌장*Athens Charter*》으로 정리되어 발간됐다. 여기서 르코르뷔지에의 대표적인 도시계획안으로 그 안에서 제시한 마천루가 자연광을 충분히 받아들이기 위해 유리판Pan de verre으로 싸이는 것을 전제로 한 '빛나는 도시'가 그의 주도하에 근대적 접근에 동의한 집단이 수행한 연구의 결과물이었음을 알 수 있다. 그는 "여기서 나는 데카르트식 마천루의 진정한 장려함을 환기하고 싶다. 각 사무실에서 투명한 유리 벽을 통해 더 많은 공간을 마련하는, 기운을 북돋우고, 격려하고, 낙관적이고, 빛나는 광경이 그것이다. 공간! 이 인간의 열망에 대한 반응, 폐의 호흡과 심장 박동에게 주어진 이완, 높은 곳에서 멀리, 방대하고 무한하고 무제한의 광대함을 바라보는 이 분출. 기계장치들을 통해 제공되는 순수하고 신선한 공기 안에서의 완전한 햇빛"을 보장하는 마천루를 주장했다.[18] 도시의 규모가 확대되면서 사라져가는 녹지대의 부재가 위생상의 위기를 가중하는 것을 극복하고자 전체 대지의 12%에만 건물이 들어섰다. 나머지 88%는 녹지인 '빛나는 도시'에서 풍부한 자연광과 원활한 환기를 통해 건축과 도시라는 인간의 삶터가 기본으로 누려야 할

'300만 거주자를 위한 현대도시 계획안'의 외부 도시공간 스케치

축복으로 회귀했다.

《아테네 헌장》에서 첫 장인 〈도시의 현 상태, 비평과 구제책〉의 주거 부문에 나오는 빛과 위생과 관련된 언급을 보면, 생활 수준이 매우 낮은 주민들이 사는 압축된 도시구역에서의 열악한 주거 조건(사망률이 20%까지 이르렀다), 줄어드는 녹지로 인한 위생의 혼란 가중, 안락한 주거를 보장하는 통풍이 잘되는 건축물의 위치 조건, 관례대로 길을 따라 일렬로 세워진 주택들에서의 불리한 빛 조건 등을 거론하면서 도시 공간 안에서 위생적으로 가장 좋은 장소를 차지해야 할 주거 지역, 각 집에 햇볕이 드는 최소한의 시간 확정, 교통로를 따라 주택이 일렬로 늘어서는 것 금지, 녹지 확보 등을 요구하고 있다.[19] 특히 주거 지역에서만큼은 자연광을 통한 위생 확보가 기본이라는 것이다.

르코르뷔지에는 말馬의 시대에나 적합했던 기존의 '복도형 도로 rue-corridor'를 없애야 하며, 이를 통해 "인간은 빛을 향해 나아갈 수 있고 좁은 복도를 떠날 수 있으며, 길의 양편이나 건물 주변에, 요철형으로 놓인 주택들 사이에 안뜰의 면적을 합해 열린 공간을 만들 수 있다."라고 주장했다. 1929년의 언급으로 《아테네 헌장》 발표 이전에 이미 길 양편에 나란히 늘어선 기존 주거의 문제점을 지적한 것이다. 파리에 지금도 그대로 남아 있는 다수의 주거 건물들이 그러하듯, 안뜰을 향해 열린 창을 가진 과거의 1, 2층 건물들이 도심의 인구 집중으로 7층으로 증축됐지만 작은 안뜰은 공공위생 법규를 지키느라 그대로 남았고, 그 안뜰조차도 법규를 무시하고 건물로 채워지곤 했다. 거기에 전기가 발명되어 빼곡히 채워진 곳을 밝힐 수 있게 되어 자연광과 통풍은 관심사에서 멀어졌다. 복도형 도시가 도시 전체를 복도로 이뤄지게 해 상황은 악화일로였다. 르코르뷔지에에게는 모든 것을 '걷어버리는 것'이 유일한 해결책이었다. 길가에 있는 모든 것을 걷어내고 안뜰을 전부 없애고 건물을 십자가나 별, 로렌의 십자가[20] 또는 어떤 것이든 중정을 없앨 수 있는 형태로 배치해 인간이 빛을 향해 나아갈 수 있기를 원했다.[21]

주거 연구를 통해 건축을 숙고하기를 권고한 르코르뷔지에는 "주택은 욕조·태양·온수·냉수·자유로운 난방·음식의 보존·위생·비례를 활용한 아름다움 등을 갖춘 살기 위한 기계"라고 선언했다.[22] 자신의 1920년대 건축연구가 집대성된 사부아 주택에 대해서도 "마지막으로 단면을 봅시다. 공기는 모든 곳에서 순환되고 햇빛은 모든 장소에 있으며 모든 곳을 관통합니다."라고 설명했다.[23] 또한 이런 주거가 도시계획과 분리될 수 없다며 '건축–도시계획' 개념을 학생들에게 주문하기도 했다.[24]

르코르뷔지에는 건축의 요소를 빛과 그림자, 벽과 공간으로 규정하며[25] 빛을 전면에 내세웠다. 그가 자연광을 매우 중시함을 확인시켜 주는 이러한 언급은 그가 부르사Bursa에 있는 푸른 회교 사원la Mosquée Verte에서의 빛과 공간의 관계, 폼페이에 있는 카사 델 노체Casa del Noce의 열주랑列柱廊 너머 밝은 정원과 그 양편의 작고 어두운 공간, 빛을 사랑한 폼페이 사람들이 명확한 의도를 가지고 벽을 빛으로 밝힌 것에서 포착한 각성을 담고 있다. 이러한 고전에서 그는 내부에 빛, 빛을 반사하는 벽 및 수평적 벽인 바닥 외에 다른 건축 요소가 없음을, 잘 조명된 벽을 세우는 일은 내부의 건축 요소들의 관계를 만들어내는 것임을 알게 됐고 여기에 비례를 성취할 일만 남았음을 깨달았다. 그의 1920년대 성취물들의 발상이 이루어진 근거가 마련된 것이다.

이렇게 건축에서 빛이 핵심요소임을 절감한 르코르뷔지에에게 심각한 도전으로 다가온 당시의 위생 문제는 건축이 모여 이뤄지는 도시에서도 빛을 해결해야 할 가장 중요한 과제로 삼게 했다. 그는 1933년 근대건축국제회의에서 도시계획의 주요 재료로 햇빛, 공간, 숲, 강철과 철근콘크리트를 거론하며 햇빛을 전면에 내세웠다.[26] 인구밀도는 동일하게 유지하거나 오히려 더 높이되 좁은 복도 같은 도로와 건물로 둘러싸인 폐쇄적인 안뜰을 없애고 모든 방향에서 바람과 빛이 들어오게 하여 길을 따라 서 있는 병색 짙은 나무들이 아닌 푸른 초원, 놀이 공간과 풍성한 조림지造林地가 내다보이는 주거를 기대한 것이다.[27]

건축의 기본으로서의 자연광

건축은 "비가 개면 나타나는 일곱 색깔 무지개"라는 노랫말처럼 스스로 일곱 가지 색으로 분해되는, 살아 있어 움직이는 빛에 의지한다. 화가가 붓 터치로 그림을 드러내듯 건축가는 빛의 모습을 그린다. 건축을 얼어붙은, 화석화된 음악이라고 말한 괴테는 건축의 최초 질료인 빛에 의해 연주되는 건축을 이해하지 않았을까? 시간을 보여주는 빛의 여정은 시간의 흐름이 천천히 투영되는 해시계인 건축에 새겨진다. 빛과 그림자가 어우러져 나타나는 자연적 언어는 건축적 의미를 드러내는 강력한 수단이다.

태어나 성장하고 교육받은 스위스의 깊은 자연과 건축가로서 수련한 파리와 베를린에서의 불충분한 햇빛을 떠나 지중해를 떠돌며 흠뻑 빠져든 빛과 색채에의 감동은 예술성 자체의 근원적인 감동으로서 르코르뷔지에가 새로운 건축을 창조하는 매체가 됐다. 그때의 깨달음이 르코르뷔지에가 1929년 부에노스아이레스 예술동호회를 위한 강연에서 "여러분이 상상하듯 나는 빛을 자유롭게 사용합니다. 나에게 빛은 건축의 기본입니다. 나는 빛과 함께 구성합니다."[28]라고 토로할 수 있게 했다.

이러한 언급은 자신이 "가끔 공간과 빛이 만든 운율의 걸작인 부르사의 푸른 회교 사원의 단면을 즐겨 인용한다."는 문장에 이어서 나온다. 르코르뷔지에는 저서《건축을 향하여》에서 이 사원 안으로 걸어 들어가며 순차적으로 느껴지는, 빛과 볼륨의 변화에 의한 감각상의 리듬과 능란한 스케일의 사용에 매혹되어 감흥을 느낀 것을 상세히 설명하고 있다. 그가 1911년에 떠난, 햇빛 아래 형태들이 벌이는 찬란한 유희이자 영혼의 긴밀한 체계인 건축을 발견한 동방여행 때 이 사원을 처음 방문해 빛이 공간의 변화와 어우러지며 인간의 감수성에 영향을 끼쳐 건축 구성의 핵심이 될 수 있음을 체감한 덕분이다. 자연광의 위생에서의 효능과 아울러 또 다른 건축적 의미를 발견한 것이다. 르코르뷔지에

| 파르테논 신전 정면

의 건축 사고에 큰 영향을 미친 아테네 아크로폴리스 언덕에서 만난, 무오無誤하고 준엄한 윤곽을 가진 파르테논 신전도 그에게 전 세계 어느 곳에도, 어느 시대에도 이와 견줄 만한 건축물이 존재한 적 없는, 가장 고상한 사고에 자극을 받은 한 인간이 그 사고를 빛과 그림자의 조형물로 결정화한 가장 첨예한 순간으로 다가왔다.[29] 아테네의 밝은 빛 아래에서 파르테논 신전의 참된 모습이 드러난 것이다.

내부에서 빛은 공간을 경계 지어 구성하는 물질에 반사될 때 드러난다. 빛에 존재감과 형태감을 부여하는 것이 물질의 불투명성이므로 빛이 물질의 은유라는[30] 표현에 공감한다. 이렇게 잘 조명된 벽을 세우는 일은 내부 건축 요소들의 관계를 만들어내는 것이므로 빛은 르코르뷔지에 건축의 주요 특성 중 하나인 공간성 형성에 필수 요소가 된다. 이런 이유로 르코르뷔지에의 건축을 깊이 연구한 프랑스 건축가 시리아니 Henri Ciriani, 1936-는 첫 번째 불투명체를 놓는 데서 건축이 시작된다고 여겼다.[31] 이때 형상에 따라 빛을 다르게 받아들이는 질료는 빛의 질에 의해 다양한 잠재력을 지니게 되므로 빛의 역할은 무궁무진하다. 르코르뷔지에를 존경한 건축가 루이스 칸 Louis Kahn, 1901-1974[32]도 구조는 빛의 창조자이므로 구조를 결정할 때 우리는 빛을 결정하는 것이라며 건축공간을 구성하는 데 있어 구조와 빛의 관계를 조명했다. 르코르뷔지에의 건축 정의 중 하나인 "건축은 빛 아래에서의 질서체계, 아름다운 프리즘 이외는 아무것도 아니다."[33]는 그가 물체 위에 비치는 빛과 연속되는 볼륨이 인간의 육체적·생리적 감각을 자극하는 데 빛을 받는 벽(수평적 벽인 바닥 포함)을 소중히 여겼음을 보여준다. 이렇게 잘 조명된 벽을 세우는 일은 내부 건축 요소들의 관계를 창출하는 일이며, 이때 좋은 비례를 성취하면 좋은 건축이 된다고 봤다.

르코르뷔지에의 또 다른 유명한 건축 정의 중 하나인, "건축은 빛 아래에 볼륨들을 숙련되고 정확하고 장엄하게 모으는 작업"[34]이라는 말이 햇빛 아래에서 외관적으로 보이는 건축에 대한 묘사로 이해되곤 한다. 틀린 것은 아니지만, 이 정의는 자연광이 유입된 아름다운 내부 공간을 지닌 건축을 상정하기도 한다. 이렇게 달리 생각해볼 수 있는 단초는 그가 저서《건축을 향하여》에서 자동차에서 중량감과 재질감이 강조된, 엔진이 들어 있는 덩어리를 매스masse로, 가볍고 얇은 표피에 둘러싸인 채 사람이 타는, 비어 있고 빛이 들어오는 공간이 중시되는 승차 부분을 볼륨volume으로 구분해 언급한 데 있다.[35] 이렇게 르코르뷔지에가 매스와 볼륨을 구별해 썼다는 것을 파악한 후 이 책을 다시 읽어보면 5회 언급되는 매스는 베르사유 궁전의 정원에 있는 프티 트리아농Petit Trianon 같은 과거의 건축을 말할 때 사용했고, 이보다 정확히 열 배 더 많은 50회 언급되는 볼륨은 밝은 내부를 누리는 근대건축에 대해 말할 때 사용했음을 확인할 수 있다.

이 구분을 따른다면, 건물 덩어리의 외적 관계만이 아닌 그로 인해 창출될 내부 공간을 함께 고려한다면, 오늘날 건축을 구상하면서 흔히 쓰는 매스 스터디mass study라는 말보다 볼륨 스터디volume study라는 말이 현대건축에 더 적합하다. 불어로 쓰인《건축을 향하여》의 영문 번역판은 번역자가 매스와 볼륨이 엄격히 구별되어 쓰인 것을 모르고 볼륨을 모두 매스로 바꿔놨다. Volume은 영어와 불어의 알파벳이 같고 불어 masse는 영어 mass에 e 하나가 더 붙었을 뿐이며 두 단어의 의미에도 차이가 있는데, 어째서 구분해 쓰인 단어를 mass로 통일시켰는지 의문이다.

빛이 감정의 소통수단이자 감흥을 유발하는 핵심 인자임을 감안할 때 이는 결코 사소한 오류가 아니다. 르코르뷔지에의 건축에서 빛의 중요도를 몰라 빚어진 실수다. 르코르뷔지에는 건축적 감흥이 우리가 지각하는 관계들의 결과에 의해서 느껴지는데, 이러한 관계들이 빛 아래에 있으므로 우리가 보게 되는 사물들에 의해서, 우리가 보는 표면에 의해서 제공된다고 말한다. 물체 위에 비치는 빛, 빛의 정확한 강도, 연속되는 볼륨이, 과학자들이 묘사하고 분류하고 상술한 바와 같이 우리 자신이라는 민감한 존재 위에 작용하고, 육체적이며 생리적인 감각 역시 자극한다는 점을 지적한 것이다.[36] 물질의 영향력을 피할 수 없는 건축을 감성의 질서 아래로 놓일 수 있게 하는 가장 저렴한 악기인 자연광은 건축의 의미를 드러내는 강력한 수단이다. 그는 빛이 공간의 특수성을 드러내고 특징짓고 해석하는 감동의 매개물임을 지금부터 구체적으로 들여다볼 두 종교건물을 포함한 자신의 작업으로 증명했다.

종교건축에서 '감동으로서의 빛'

앞에서 살펴본 것처럼 르코르뷔지에는 답사 여행 중 폼페이의 카사 델 노체 안에서 창을 통해 들어오는 빛의 양에 따라 즐겁기도 하고 평온하기도 하며 슬프기도 함을 느꼈다. 또한 폼페이 포름Forum[37]의 외부와 아크로폴리스 언덕에서 대지를 구성하고 있는 요소들이 방의 벽들처럼 우뚝 서 있고 이 벽에 비친 빛과 그림자가 슬픔, 유쾌함, 또는 평온함을 가져옴을 체험했다. 빛이 인간의 감정에 상당한 영향을 미침을 포착한 것이다. 빛의 유쾌한 충격이나 어둠의 으스스함, 양지바른 침실의 고요함이나 어두운 구석에 가득한 고뇌를 주는,[38] 우리의 감수성에 영향을 미치는 빛이 건축과 불가분의 관계임을 깨달았다.

빛은 인간에게 대체로 자연의 환대, 생명의 분출, 희망의 상징 같은 긍정적 의미로 다가온다. 빛 아래에서 건축이 탄생한다고 믿는 르코르뷔지에는[39] 내부에 인공조명이 없는 롱샹 성당과 라투레트 수도원 부속 성당을 계획하며 예배공간에 적합한 자연광을 숙고했다. 과거 건축이 겪었던 구조적 속박에서 해방된 건축이 주의 깊게 연출해야 하는 대상인 자연광의 존재로 인한 빛과 그림자가 진실함으로, 고요함으로, 온화함이나 강인함으로 구사되어 종교건축의 존재 이유를 배가할 수 있기 때문이다. 예배공간에서 빛의 예술은 인간의 감성을 극대화하고 신과의 영적 교감을 촉진할 수 있다. 자주 신의 임재와 연계되어 신성하거나 영적인 의미를 갖는 자연 현상을 나타낸다. 여러 종교와 신앙체계에 따라 다양하게 해석될 수 있지만, 이렇게 빛은 신의 존재나 영적 실재의 증거로, 종교 경험의 일부로 간주되기도 한다. 이름도 형상도 없는 조물주의 아름다움을 빛을 통해 인식하기도 한다. 어두움에서 빛으로 나아가면서 구원을 얻는 것이다. 공간과 빛이 조화되어 무궁한 변화 속에서도 영원에 가까운 질서와 차분한 안정감을 얻는 예배공간은 빛으로 인해 내면의 충만감이 북돋아진, 시처럼 감동적인 장소가 될 수도 있을 터이다.

이런 이유로 자연광을 네 가지로 분류하는 건축가 시리아니는 예배공간에서 '감동으로서의 빛 la lumière-émotion'이 필요하다고 여겼다.[40] 이 빛은 외부를 배제할 때 내부에서 더 잘 연출되므로 외부가 많이 막힐수록 더 잘 드러난다. 주의 집중을 위해 외부로의 조망을 크게 필요로 하지 않는 종교건축의 예배공간이나 뮤지엄 건축의 전시공간에 이 빛이 적합한 이유다. 이 빛은 드러내고자 하는 건축적 대상에 주의를 집중시키며 스스로 건축적 대상이 된다. 이 감동으로서의 빛의 특성이 그대로 롱샹 성당과 라투레트 수도원 부속성당에서의 빛에 해당함을 곧 확인하게 될 것이다.

역사적으로 보면 자연광의 유입량에서 이전의 로마네스크 양식과 큰 차이를 보인, 높고 슬림한 구조인 고딕 성당의 커다란 스테인드글라스와 장미창은 성당 내부로 풍부한 자연광을 끌어들여 미적 감각을 고양하고 종교적 분위기를 살리는 데 기여했다. 예배공간에서 빛의 효능을 깨우쳐준 것이다. 플라잉 버트레스flying buttress[41] 같은 구조가 적용되어 로마네스크 양식의 성당들보다 외벽에 미치는 횡력横力의 부담이 대폭 줄어들어 벽이 얇아지고 창을 크게 뚫을 수 있게 된 덕분이다. 필요하면 외벽의 하중 담당 임무를 완전히 면제시킬 수 있는 근대건축의 새로운 구법은 외벽의 원하는 곳에 필요한 크기의 창을 자유롭게 둘 수 있게 해, 미적 요소와 긴밀하게 연결된 근대건축 이후 예배공간에서의 자연광 유입은 전적으로 건축가의 역량에 좌우되게 됐다.

| 플라잉 버트레스로 벽이 보강된 파리 노트르담 대성당

| (좌) 샤르트르 대성당의 장미창과 스테인드글라스
(우) 벽의 상당 부분이 스테인드글라스로 열린 생트 샤펠 성당

르코르뷔지에의
종교건축 예배공간에 유입된 자연광

노출된 광원과 감춰진 광원

우리는 전기를 이용한 인공광에서 사용 목적과 환경에 따라 선택되는 직접조명과 간접조명이 서로 다른 시각적 효과를 만들어냄을 익히 알고 있다. 직접조명은 대상에 직접 빛을 쏘아서 대상의 형태를 밝히 드러내는 반면에 간접조명은 주변 환경이나 다른 표면을 통해 빛이 퍼져 부드럽고 자연스러운 조명 효과를 제공한다. 마찬가지로 자연광도 광원光源의 노출 여부에 따라 느껴지는 감흥은 사뭇 다르다. 르코르뷔지에가 구사한 자연광의 대표적 사례로 롱샹 성당과 라투레트 수도원 부속성당에 유입된 빛에 주목하면서 굳이 광원을 먼저 거론하는 것은 빛이 그 자리에 그렇게 유입된 이유와 의미가 그것의 노출 여부에 따라 확연히 다르기 때문이다.

여기서 자연광 광원의 노출 여부는 빛이 내부를 밝히기 위해 통과하는 유리면이 그 빛이 들어와 효과를 보게 되는 주요 지점에서 봤을 때 쉽게 보이는지 그렇지 않은지에 따라 구분한다. 인공광의 간접조명이 그런 것처럼, 여기서 자연광의 광원이 감춰졌다고 보는 경우도 관찰자가 의도적으로 빛 유입구를 보기 위해 고개를 쳐드는 등 자세를 바꿨을 때는 눈에 띄기도 한다.

롱샹 성당과 라투레트 수도원의 예배공간에 유입되는 자연광의 위치를 보여주는 그림을 살펴보자. 여기서 점선은 천장과 벽이 길게 만나는 부분의 틈새로 들어오는 빛이다. 이 그림의 번호에 따라 각 개구부에서 들어오는 자연광의 모습을 한눈에 볼 수 있도록 정리한 것이 〈표 1〉이다. 롱샹 성당의 예배공간에 들어온 답사객은 아홉 곳에서의 빛 유입을 볼 수 있다. 지붕 위로 수직적으로 솟은 세 곳의 소채플에서는 빛이 상부에서 아래로 유입되고⑥⑦⑧, 다섯 곳은 벽의 개구부를 통해 측광①②③④⑤이 들어오며, 동측과 남측의 외벽과 천장 사이가 살짝 띄워진 좁은 틈으로 빛⑨이 들어온다. 라투레트 수도원 부속성

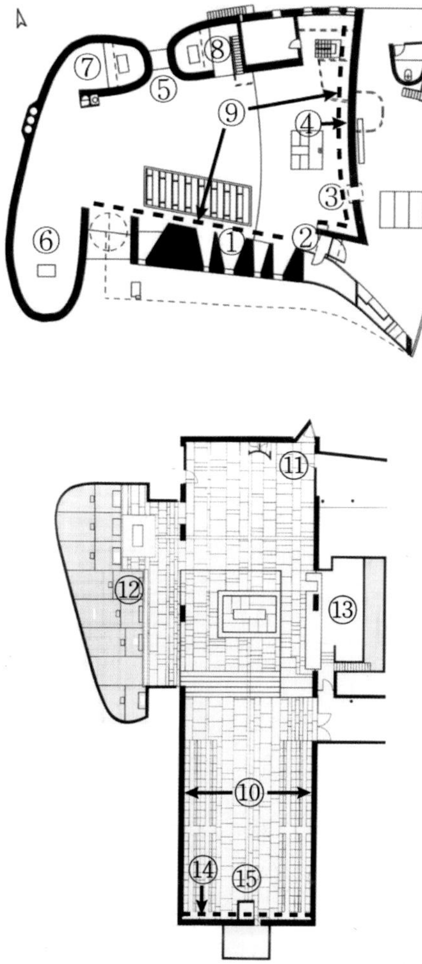

| (상) 롱샹 성당의 예배공간에서 빛 유입구를 보여주는 평면도
(하) 라투레트 수도원 부속성당에서 빛 유입구를 보여주는 평면도

당에서도 남측 벽과 천장이 만나는 부분에 틈이 있어 빛⑭이 들어온다. 지하예배당crypte⑫과 제의실sacristie⑬의 상부와 남측 벽과 가깝게 천장이 뚫린 부분⑮에서는 상부에서 아래로 빛이 유입되고, 신자석 양편과 제단 뒷벽에서는 측광⑩⑪이 들어온다.

표 1. 르코르뷔지에의 두 예배공간에 유입된 자연광

롱샹 성당			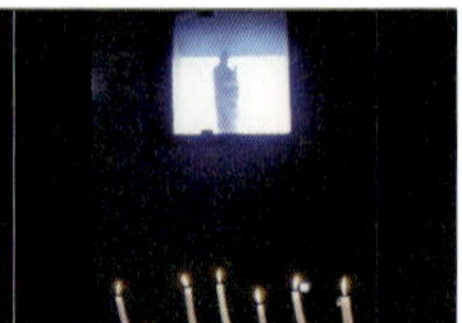
	①	②	③
			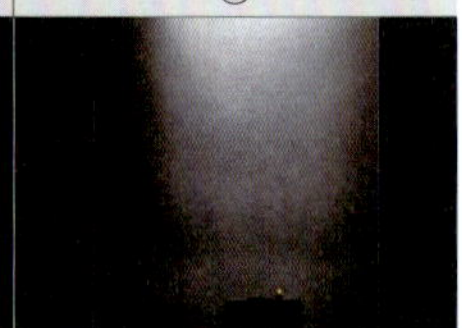
	④	⑤	⑥
	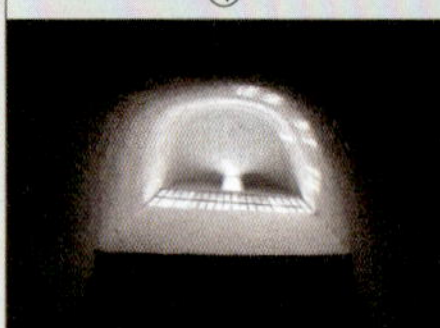		
	⑦	⑧	⑨
라투레트 수도원	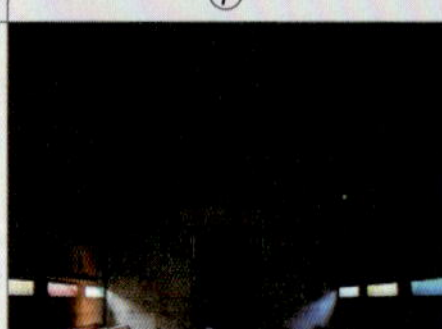		
	⑩	⑪	⑫

	⑬	⑭, ⑮	

표 2. 르코르뷔지에의 두 예배공간에서의 자연광

		감동을 위한 자연광		공간성을 위한 자연광		
		채색된 유리를 통과한 빛	채색된 면에 반사된 빛	채색된 유리를 통과한 빛	채색된 면에 반사된 빛	무색 빛
롱샹 성당	노출된 광원	①a	–	–	③a	②a, ④a, ⑤a, ⑨a
	감춰진 광원	–	⑥b, ⑦b, ⑧b	–	–	–
라투레트 수도원	노출된 광원	–	–	–	–	⑪b, ⑭a
	감춰진 광원	–	⑩b, ⑫b, ⑬b	–	–	⑮b

이후에 살펴볼, 두 예배공간에서의 광원 노출 여부 및 색채 적용 여부와 방법을 표로 정리하면 〈표 2〉와 같다. 이곳에서 장소를 조명하는 일차적 용도를 넘어선 자연광의 효용성을 감동을 불러일으키는 빛과 공간성을 고양하는 빛으로 분류했다. 이때 자연광은 채색된 유리를 통과하거나 채색된 면에 반사되어 색을 동반하거나 투명한 창을 통과해 무색의 빛으로 유입된다. a는 광원이 노출된 경우, b는 광원이 감춰진 경우고, 번호 밑의 밑줄은 벽이 두껍거나 개구부에 그 모양의 관管이 박혀 있어 깊이가 있는 창을 말한다.

노출된 광원

빛의 화폭

르코르뷔지에의 두 예배공간 내부로 유입되는 빛 중 가장 눈에 띄는 이 빛①은 롱샹 성당의 남측 벽에 여러 크기로 깊게 뚫린 다수의 사각형 창들을 통해 들어온다. 롱샹 성당으로 접근하는 남측 길목에 르코르뷔지

| (상) 롱샹 성당의 남측 벽으로 유입되는 자연광
(중) 평소에는 닫혀 있다가 단체 순례객의 미사가 끝났을 때만 열리는, 내외부에 르코르뷔지에의 그림이 그려진 문
(하) 진입 방향의 뒤쪽에 있는 롱샹 성당의 입구

에가 내외부 표면에 그림을 그린 큼직한 문이 있지만, 이 문은 입구용으로보다는 주로 미사 후의 출구용으로 쓰인다. 중앙부 바닥과 상부에 경첩이 달린 이 문은 크기에 비해서 큰 힘을 들이지 않아도 개방할 수 있다. 90°로 열리는 이 회전문은 평소에는 닫혀 있다가 국가별로 오는 단체 순례객의 미사가 끝날 때면 신부가 열쇠를 가져와 관광객의 도움을 사양하고 손수 개방한다. 그 반대쪽인 북측에, 서로 등을 진 두 소채플의 유연한 곡벽 사이에 자리 잡은 좁은 문이 입구다. 드물게도 성당 내부로 들어가는 주입구가 건물 뒤편, 진입 방향의 반대편에 있다. 남측의 큰 문이 자주 열려 있어 내부로 필요 이상의 많은 빛이 들어와 그 좌우에 있는, 서로 다른 성격이지만 건축이 만들어낼 수 있는 아름답고 숭고한 빛의 가치가 훼손되는 것을 르코르뷔지에도, 성당 측도 바라지 않았을 것이다.

| 롱샹 성당의 남측 벽과 지붕

르코르뷔지에가 동방여행 중 들렀던 아테네의 아크로폴리스 언덕에서 3주간 머물렀을 때 신상과 신전들 사이를 걸어 다니며 시시각각으로 달라지는 건축의 장면 변화에서 경험과 지식이 상호작용하는 체험을 한 이후 규모를 막론하고 자신의 건물 내외부에서 꾸준히 전개해왔던 '건축적 산책la promenade architecturale'이 여기서도 적용됐다. 그가 "건축적 즐거움을 일으키는 수백 개의 연속적 지각"이라고 설명하는 이 개념은 관찰자를 계획된 경로를 따라 움직이게 하여 치밀하게 조율된 전체 공간구성을 경험케 한다. 시·공간 개념에 의한 공간의 연속성이 건축적 산책 개념의 바탕에 있는 것이다.[42] 르코르뷔지에는 아크로폴리스 언덕을 매일 오르며 대지 및 수평선과 조화롭게 연계되며 배치된 그곳의 신전과 신상, 건축 형태 속에 감춰진 보이지 않는 기하학적 미학의 역동성을 관찰했었다. 아크로폴리스 언덕과 달리 롱샹 성당은 독일과 가까운 프랑

| (좌) 롱샹 성당의 동측 외부 제단
(우) 롱샹 성당의 북동쪽에 위치한 추모 피라미드

스 동부의 낮은 산악 지대인 보주Vosges의 마지막 요새였던 언덕 위에 세워진 단일 건물이지만, 곧장 눈앞의 남쪽 문으로 입장하지 않는다. 남쪽 벽과 지붕의 운동성, 남측 창의 다양함, 동측 외부 제단의 정교한 구성과 북동쪽 외부에 있는, 1944년 이곳에서 일어난 전투의 희생자들을 떠올리게 하는 추모 피라미드와 지붕에서 떨어지는 물을 모으는, 여러 나라의 동전이 빠져 있는 콘크리트 수반을 본 후에야 안으로 입장할 수 있다. 미사를 위해 내부로 들어가기 전에 만나는 풍경과 각 방향으로의 지평선을 염두에 두고 풍경에 의해 환경이 조성된, 언덕 꼭대기에서 자라난 조각

| 롱샹 성당의 입구 우측에 있는, 지붕에서 떨어지는 물을 모으는 콘크리트 수반

된 '정상summit' 건축으로 계획됐다.

르코르뷔지에가 외부에서 여유로운 건축적 산책을 한 후 느긋하게 성당 내부로 진입하게 한 효과는 안으로 들어서자마자 눈앞에 나타난 장면을 더욱 극적으로 만든다. 색을 머금은 놀라운 빛의 향연①이 어두운 공간 너머 정면에서 펼쳐지는 것이다. 성당으로 접근하며 외부에서 처음 만난 남측 벽의 이례적인 모습이 내부에서 전혀 예상치 못한, 인간이 만든 가장 인상 깊은 빛을 가져왔다. 이 벽의 존재를 미리 알고 간 방문객들도 그 앞에 서면 잠시 말을 잊게 된다. 사진작가 판Nicolas Fan은 롱샹 성당에서의 이 빛이 조형 및 색채와 어우러져 건축의 창세기를 보는 것 같다는 찬사를 보냈다.[43] 이 남측 창들을 통한 빛과 색의 유입은 서구의 전통적 종교건축에 적용된 스테인드글라스의 현대적 해석으로도 볼 수 있는데, 고딕건축의 다채로우나 평면적인 장미창과는 또 다른 심적 탄성을 불러온다. 남향이기에 색을 담은 빛이라는 주제가 더욱 위력을

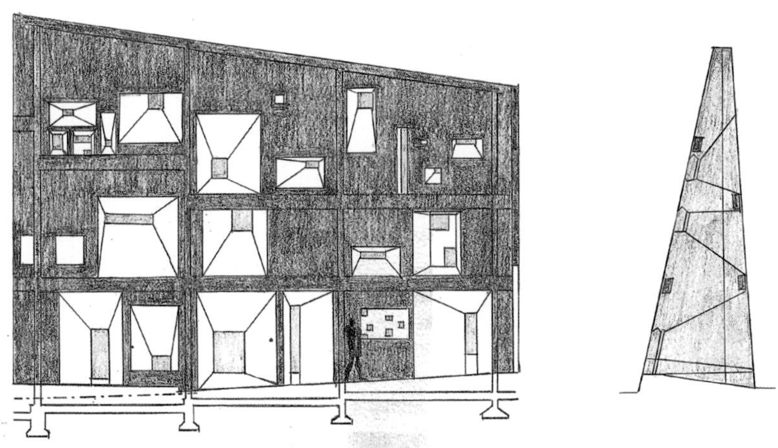

| 롱샹 성당 남측 벽의 내부 입면도와 단면도

| (상) 시디 브라힘 모스크 외관
(하) 시디 브라힘 모스크 내부

발하는 이 빛은 보는 이의 신앙 유무와 무관하게 영화靈化의 신비를 경험하게 한다. 이렇게 빛으로 그린 화폭의 색과의 관련성은 이후 다시 살펴볼 것이다.

롱샹 성당 남측 창들을 통한 빛의 교향곡은 이곳 유리에 부가된 채색의 효과와 더불어 두꺼운 벽의 인상적인 깊이와 음악적 운율을 지닌 크기의 다양함으로 울린다. 밖에서 봤을 때는 27개지만 안에서 봤을 때는 25개인 이 창들은 두꺼운 벽 바깥에서 작게 뚫렸으면 안으로 오며 커지고, 바깥에서 크게 뚫렸으면 안쪽으로 점점 작아지는, 중심의 편차가 있는 사각형 깔때기 형상이다. 그중 18개가 안쪽으로 들어오며 개구부가 커져 마치 벽감niche처럼 벽이 움푹 들어가는데, 이 경우에 유리는 바깥쪽에 설치되어 내부에서 봤을 때 깊이감과 빛이 확산되어 들어오는 느낌이 강화됐다.

이렇게 이 빛을 지탱하는 남측 벽의 두꺼움이 창 개구부들의 깊이감으로 뚜렷해져 다채로운 빛과 색을 든든히 버텨낸다. 이 남측 벽 여러 곳이 벽감처럼 움푹하게 파인 모습은 르코르뷔지에가 1931년 알제리 북부 사하라 사막 지역을 여행하던 중에 방문한 엘 아테프El Atteuf 마을의

| 롱샹 성당의 동측 및 남측과 지붕 사이의 틈새에서 보이는, 지붕을 받치는 기둥들

시디 브라힘 모스크Sidi Brahim Mosque의 벽을 떠올리게 한다. 이런 더운 지역의 모스크에서 희고 두꺼운 벽은 태양의 열기를 막고 그림자를 붙잡는 데 유용하면서 개구부를 바깥쪽으로 벌어지게 하거나 좁아지게 하여 주도면밀하고 부드러워진 빛의 확산을 가능케 한다.

이렇게 롱샹 성당의 남측 벽을 유독 두껍게 한 이유는 여러 가지로 해석할 수 있다. 하부로 내려올수록 폭이 더 넓어지는 남측 벽은 1930년대 그의 그림에서 그려진 것들과 르코르뷔지에가 1947년 뉴욕주 남동쪽 해안에 있는 롱아일랜드섬에서 수집한 게의 등딱지를 연상시키며 무겁게 보이는 지붕 아래의 든든한 받침대 같다. 하지만 이 벽의 이례적인 두께는 구조적 대응 때문이 아니다. 두툼한 지붕은 하중을 느끼게 하지만, 사실은 수면을 운행하는 배처럼 속이 비어 보기와는 달리 가벼운 지붕이다. 두꺼운 남측 벽 전체가 지붕을 떠받치지 않고 이 벽 안에 숨겨진, 일정 거리로 떨어져 있는 별도의 기둥들이 지붕을 지지한다. 남측 벽의 외피와 내피 사이의 빈틈은 화재로 무너진 이전 성당의 잔재물들로 채워져 있다. 안에서 봤을 때 남측과 동측의 벽과 천장 사이의 틈새

| (상) 롱샹 성당의 집입부에 위치한 순례자의 집
(하) 롱샹 성당의 수직적인 소채플과 운동감을 보이는 남측 벽과 지붕

로 들어오는 수평적인 빛의 띠⑨ 사이를 중간중간 단절하는 기둥의 가느다란 상부를 식별할 수 있어 구조적 진실은 뚜렷하다.

이 남측 벽은 그 두툼함과 약간 오목한 곡면으로 인해 그 아래에 자리 잡은 순례자의 집 la maison du Pèlerin 측면을 지나 성당으로 올라오는 방문객을 넉넉히 품으며 환대한다. 남측 벽의 두께 변화와 곡선의 흐름을 봤을 때, 이 벽은 남서쪽 모서리에서 지면과 수직으로 솟아 언덕을 오르는 순례자들의 목표가 되는 높이 22미터의 소채플을 든든한 버팀대로 삼아 무게감 있는 형상의 지붕과 함께 남동쪽을 향해 힘차게 나아간다. 이 벽의 남동쪽 단부의 상부가 지붕과 살짝 띄어져 있어 벽과 지붕이 서로를 방해하지 않고 앞으로 나아가는 각자의 운동성을 살린다. 이렇게 남측 벽과 지붕이 보여주는 방향성이 방문객을 외부 제단이 있는 우측인 동쪽으로 이동하게 한다. 이렇게 구조적 이유가 아닌 조형적 이유로 두꺼워진 남측 벽이 내부에서 독특한 빛 효과를 낼 수 있게 했다.

공간성을 위해 열린 개구부를 통한 빛

롱샹 성당에서 광원이 노출된 또 다른 경우는 내부에 필요한 공간성과 연계해 그 이유를 찾을 수 있다. 이에 해당하는 것이 남동측 모서리의 수직 창②, 동측 제단 뒷벽의 성모상 창③과 이 벽 곳곳에 뚫린 작은 구멍들④, 북측 입구 상부의 틈새⑤, 남측과 동측의 벽과 지붕이 만나는 지점의 긴 수평적 틈새⑨다. 북측 벽 성직자들이 머무는 공간에 빛을 들이는 창들은 내부로 들어선 방문객에게 거의 보이지 않으므로 논외로 한다.

성모상 창③은 제2차 세계대전이 막바지에 이르렀을 무렵 기세가 한풀 꺾인 독일군이 다시 이곳을 점령하지 않을까 우려한 연합군이 성당을 부수면서 일어난 화재 때 그을기만 하고 소실을 면한, 나무를 깎아

| (좌) 롱샹 성당의 성모상 창
(우) 롱샹 성당 동측 벽의 성모상 창 주변에 뚫린 작은 개구부들

만든 성모상을 내부와 외부 제단에서의 미사 때 앞뒤로 회전시키며 모두 보여주기 위해 두 제단의 사이 벽인 동측 벽에 뚫은 정사각형 창이다. 내부에서 봤을 때 이곳으로 유입되는 빛이 제단 뒤편의 어둡고 넓은 벽에서 화재 때의 그을음이 남은 역광의 성모상으로 시선을 끈다. 4세기부터 있던 예배당이 1913년의 화재로 붕괴된 폐허 위에 네오 고딕풍으로 재건된 순례자 성당이 다시 폭격으로 무너졌음에도 연이은 재난에서 기적적으로 전소되지 않은, 성모 마리아에게 헌정된 이 순례자 성당에서 가장 소중한 유물로 17세기에 제작된 성모상이 빛의 도움을 받아 성공적으로 방문객의 눈길을 끈다. 이 창 주변에, 제단 뒷벽 여기저기에 뚫린 11개의 작은 사각형 구멍들④은 성모상 창으로의 지나친 집중과 그 개방으로 인한 눈부심을 완화한다. 인공광이 전혀 없이 몇 개의 촛불로만 조명되는 어두운 제단 뒷벽에서 성모상 창이 어두움을 밝히는 달이라면, 이 작은 개구부들은 컴컴한 창공의 심연 속에 산재한 별처럼 희미하게 반짝인다.

롱샹 성당 남동측 모서리의 수직창②은 라투레트 수도원의 북동측 모서리의 수직창⑪과 유사한 공간적 역할을 한다. 둘 다 제단 너머 뒤편의 우측에 있으며 천장까지 닿는 수직창으로 뚫려 신자석에서 제단 쪽을 바라볼 때 자칫 어두운 예배공간이 줄 수 있는 갑갑함을 덜어주면서 숨통을 터준다. 그 하부에는 둘 다 외부로 나가는 문이 있다. 롱샹 성당의 경우 내부 제단과 외부 제단을 직접 잇는 문이고, 라투레트 수도원에서는 수도원으로의 진입로 외부로 곧장 연결된다. 그러나 천장까지 닿는 이 두 수직창은 빛만 들어올 뿐 외부로의 조망은 억제되어 있다. 롱샹 성당에는 이 수직창이 제단 가까이에 있어 제단으로의 과잉 빛 유입을 막고 외부로의 시선 유출을 막기 위해 유리창 밖에 콘크리트로 만든,

| (좌) 롱샹 성당 남동측 모서리의 수직창
(중) 라투레트 수도원 예배공간 북동측 모서리의 수직창
(우) 롱샹 성당 남동측 모서리에 있는 수직창 외부의 차양

누군가에게는 의인화된 원시 우상처럼 보이는 수직적 차양 세 개가 설치되어 있다. 이 수직 차양들의 틈새로 들어오는 빛으로 만족한다. 수직창이 제단 뒤에 멀찍이 떨어져 있는 라투레트 수도원 부속성당에서는 열린 모서리 부분의 벽면이 없어지지 않고 밖으로 45° 꺾인 상태로 붙어 있어 예배공간에서는 이 꺾인 벽면에 반사된 빛이 주로 보인다. 둘 다 열렸으면서도 외부로의 시선 이탈을 차단하고 과도한 빛 유입을 자제해 내밀하고 성스러운 분위기를 견지한다.

롱샹 성당의 북측에 있는 입구 위에도 수직적인 유리창⑤이 있다. 이곳의 개구부는 북측에 있는 두 소채플을 구성하는 두 곡벽이 서로 마주 본 채 감아 돌아가며 성당의 입구를 형성하기 위해 둘 사이를 띄운 틈새

| 롱샹 성당의 입구 위에 있는 북측 창

다. 두 소채플을 형성하며 내부와 외부를 관통하는 곡벽의 흐름을 끊지 않기 위해 이곳을 여는 것은 건축적 상식이다. 당연히 그래야 할 곳에 둔 창이 예배공간 안에서 봤을 때 북측을 향해 유일하게 열린 창이 됐다. 그 아래에는 주입구가 있다.

롱샹 성당의 동측과 남측의 벽과 천장 사이의 수평적 틈새로 들어오는 빛⑨의 공간적 역할도 중요하다. 중량감과 운동성을 동시에 지닌 지붕은 이 긴 틈새 덕분에 벽에 붙어 얹혀 있지 않아 그 무게가 벽을 통해 하부로 전달된다는 인상을 주지 않고 남동쪽 모서리를 향해 상승하며 외부로 뻗어 나간다. 이런 운동성에도 불구하고 지붕의 여전한 무게감이 그 아래 공간을 눌러줘 내부의 공간적 안정감을 지킨다. 지붕이 두껍고 아래로 처진 북측과 서측에서는 천장과 벽 사이에 틈이 없이 서로 붙어 있어 이런 안정감 확보를 돕는다. 동측과 남측 같은 비상飛上이 필요하지 않기 때문에 벽과 천장이 붙어 지붕 전체가 부유한 듯한 느낌을 피할 수 있다.

백색이 칠해진 벽과 별도의 채색 없이 콘크리트 면이 그대로 노출된 지붕 밑면의 마감 차이가 둘 사이의 구분을 분명하게 한다. 이 틈새 사이에서 기둥 간격으로 띄어져 보이는 가느다란 기둥 지지부들이 무겁게

| (좌) 롱샹 성당의 동남측 벽과 지붕 사이의 틈새
(우) 롱샹 성당에서 남동쪽 모서리를 향해 상승하며 외부로 뻗어 나가는 지붕

보이는 지붕을 가뿐하게 지지한다. 이 틈새들은 천장에 별도의 인공조명 장치가 없는 예배공간의 천장 밑면과 공간 상부를 밝히는 역할도 한다. 라투레트 수도원 예배공간의 남측 벽과 지붕이 만나는 곳의 수평적 틈새⑭도 모서리에서 어두운 상부를 밝힌다는 점에서 같은 역할을 한다. 이곳과 가까운 지붕에 뚫린 육면체 개구부⑮는 롱샹 성당에서와 달리 길이가 짧은 수평적 틈새로의 부족한 빛 유입을 보충하며 평탄한 천장에 매달린 오브제로 기능한다.

| 라투레트 수도원 예배공간의 남측 벽과 지붕이 만나는 지점의 수평적 틈새와 천장의 개구부

감춰진 광원

마술은 그 비밀을 모를 때 더욱 신기한 것처럼 광원이 감춰진 빛은 빛 유입구가 보이지 않음으로써 심리적 작용이 더 강하다. 미술사학자 하우저Arnold Houser, 1892-1978의 견해처럼 예술작품이 주는 자극이 무의식적이면서 설명적이지 않고 그 의도가 덜 노골적일수록 감상자의 상상과 감정과 반응에 더욱 큰 영향을 미칠 수 있다.[44]

롱샹 성당에서 광원이 감춰진 곳은 모두 상부에서 떨어지는 자연광으로 간접 조명되는, 외관상 지붕 위로 솟아오른 세 개의 돌출부 아래에 있는 세 소채플들에서다⑥⑦⑧. 이곳에서는 머리 위의 뒤쪽에서 빛이 유입되므로 눈앞의 수직적 곡벽에 반사되어 내려오는 빛만 보일 뿐 뒤로 돌아 고개를 치켜 올려 보지 않고는 채광창이 보이지 않는다. 특히 남서쪽 모서리에 위치한 가장 높은 소채플에서 흰 곡벽을 타고 내려오는 빛⑥은 왼편에 있는 남측 벽에 인상 깊게 뚫린 여러 크기의 창들을 통해 들어오는 다색채의 빛①과 다르게 안정적이고 청정하다. 필자가 지금까지 경험한 빛 중 가장 아름다운 이 소채플의 빛이 벽의 두께로 인해 거의 수평적으로 들어오는, 남측

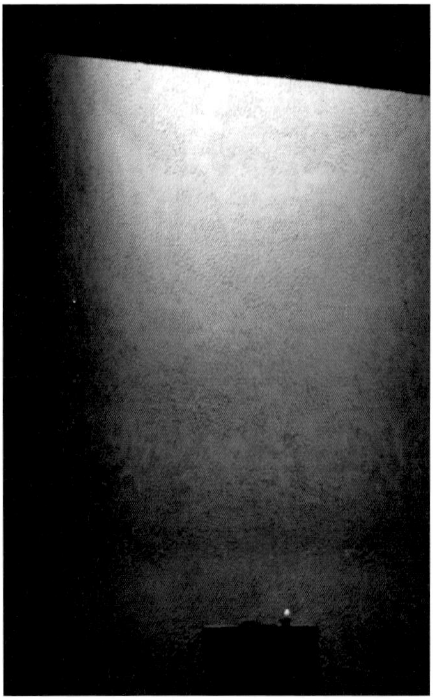

롱샹 성당의 남서측 모서리에 위치한 소채플의 빛

벽에서 울리는 빛의 교향곡과 대조를 이루며 예배공간의 숭고함을 지킨다. 나가는 문을 사이에 둔 이 상이한 두 빛의 성격은 너무 다른데도 대립이 아닌 상호보완의 관계다. 둘 다 내부를 관장하는 어두움의 지배 아래에 있어 존재감이 더욱 돋보인다.

롱샹 성당의 소채플들은 르코르뷔지에가 "신비의 구덩이trou de mystère"라고 묘사했고 그곳에서 "비결을 터득했다répéré un truc"는[45], 1911년 답사 여행의 귀국길에 방문한 티볼리의 아드리아나 저택에 있는 세라피움Serapeum의 원형 제단 빛 유입법을 스케치한 기억을 되살린 것이다. 그곳의 빛은 주변의 환경이, 특히 빛을 반사하는 면이 단정할 때 자연광의 위상이 더 높아질 수 있음을 교훈적으로 보여준다. 이와 반대되는 사례가 롱샹 성당과 직선거리로 약 80킬로미터 떨어진 곳에 건립된 비트라 디자인 뮤지엄Vitra Design Museum, Weil am Rhein, 1987-1989이다. 뒤틀린 형상의 건축물들로 세계적 명성을 얻은 유대계 미국인 건축가로서 독일에 첫 작품으로 여러 개의 천창을 통해 전시공간에 빛을 들이는 이 뮤지엄을

| 비트라 디자인 뮤지엄의 외관

| 비트라 디자인 뮤지엄의 전시공간

설계한 프랭크 게리Frank O. Gehry, 1929-의 건축작품전이 퐁피두센터에서 열렸다. 당시 기자들이 이 뮤지엄 구상에 롱샹 성당으로부터 받은 영향이 있느냐고 질문했다. 게리는 "20세기 건축물 중 가장 아름다운 롱샹 성당과 이 뮤지엄을 비교하는 것은 진실하지 못하다. 그렇게 질문하는 것 자체가 과찬이다. 롱샹 성당 다음의 최고 건축물은 라투레트 수도원으로, 나의 조국인 미국의 건축 거장 프랭크 로이드 라이트Frank Lloyd Wright 1869-1959의 작품들보다, 그 어느 것보다 이 두 건축물이 더 낫다고, 61세의 자신이 지금 그렇게 생각한다"고 대답했다.[46] 게리의 겸손함이 반영된 말이지만 실제 자연광의 측면에서 봤을 때 롱샹 성당과의 차이가 확연하긴 하다. 이 뮤지엄의 가장 큰 특징인, 내부 공간성에도 큰 영향을 미치는 비틀린 천창의 형상은 자연광을 장식물로 격하시켰다.

라투레트 수도원 부속성당에서는, 전술한 남측 벽과 천장 사이의 틈새 이외에는, 모든 자연광의 광원이 감춰졌다. 명상과 기도의 장소인 수도원의 부속성당으로 순례자들을 맞이하는 롱샹 성당보다 더 내밀한 환경을 조성하기 위함일 것이다. 수도사들의 방과 식당 등은 수도원 건물로는 이례적으로 외부를 향해 열려 있지만, 부속성당은 닫혔다. 입구 좌측의 신자석 공간 벽에 나란히 3개와 4개씩 있는 수평적인 창들⑩마저 내부에서의 개구부 높이보다 외부에서의 개구부 높이가 더 위에 있다. 따라서 서서 보는 눈높이에서 개구부를 바라보면 바깥쪽 개구부에 달

| 라투레트 수도원 부속성당의 신자석으로 유입되는 자연광

린 채광창은 위로 올라가 가려지고 들어온 빛을 반사하는 개구부의 밑면과 측면만 보인다. 가까이 다가가 올려다봐야 유리창이 나타난다. 롱샹 성당은 햇빛 아래에서 조형적인 성당의 모습과 주변 전경을 감상하며 거닌 후 입장하는 순례객을 남측 벽의 빛과 색의 교향곡으로 맞이했다. 반면에 라투레트 수도원에서 경사지에 박힌 필로티 les pilotis[47] 위에 얹힌 복도를 통해, 수학자이자 음악가로서 르코르뷔지에 설계사무실에서 협력한 크세나키스 Iannis Xénakis, 1922-2001와 함께 고안한, 뒤에 다시 언급할 모뒬로르를 바탕으로 전개된 '물결치는 유리판 les

| 라투레트 수도원의 경사지에서 필로티 위에 얹힌 복도의 물결치는 유리판

pans de verre ondulatoires'에 의한 빛과 그림자의 유희를 지나 부속성당으로 진입하는 수도사들을 침묵 속의 수평적 빛으로 맞이한 것이다.[48]

'빛 대포canon de lumière'로 불리는, 그랜드피아노형 곡벽을 지닌 지하 예배당의 상부에 있는 세 개의 원형 천창⑫과 '빛 경기관총mitraillattes'으로 불리는, 제의실 상부에 있는 일곱 개의 비틀린 사각형 천창⑬, 남측 상부의 정사각형 천창⑮에는 모두 뚫린 모양의 관管들이 비스듬하게 또는 수직으로 지붕을 관통하며 꼽혔다. 르코르뷔지에는 라투레트 수도원 부속성당의 천창 모두를 이렇게 처리했다. 자연광 유입부에 깊이를 주고, 빛이 통과하는 유리를 관의 위쪽에 설치해 거리를 둔 시선에서 감추고, 개구부의 측면에 반사된 빛을 인지케 하여 세상과 격리된 채 인생을 신에게 바친 수도사들의 예배공간에 필요한 내향성을 드높였다. 특히 지하예배당 상부의 '빛 대포'는 공사가 더디게 진행될 정도로 부족한 예산으로 인해 별도의 마감이 전혀 없는, "빈약한 재료로 건설된 예배공간에 르코르뷔지에가 '형언할 수 없는'이라고 부른 현상을 작동시킨 조형

| (좌) 라투레트 수도원 지하예배당의 상부에 있는 '빛 대포'
(우) 라투레트 수도원 제의실 상부에 있는 '빛 경기관총'

성과 공간성을 발현케 한 조명 전략이다."[49]

앞에서 언급한 '감동으로서의 빛'의 특징이 그러하듯, 예배공간에서 바깥 전경이든 하늘이든 외부로의 시선을 억제하면서 경건하고 내부에 집중된 분위기를 창출하려는 시도는 광원이 노출됐을 때도 마찬가지로 나타난다. 앞에서 설명한, 롱샹 성당 남동 모서리의 큰 수직창② 외부에 콘크리트 수직 차양을 둔 것이나 라투레트 수도원의 북동 모서리 수직창⑪에서 수직벽을 덧붙여 밖으로의 직접적인 시선은 최대한 가린 채 빛을 받아들인 것이 그렇다. 롱샹 성당 남측 벽의 깊이가 있는 창들①도 외부와의 거리감을 느끼게 하는 데서 라투레트 수도원 예배공간에서 관이 지붕을 관통해 깊이가 생긴 천창들과 유사한 효과를 보인다. 그 유리면에 부가된 색과 글씨들도 외부로의 시선 제한에 기여한다.

| (상) 롱샹 성당 남측 벽 유리창의 색과 글씨 (étoile: 별)
(중) 롱샹 성당 남측 벽의 유리창에 그려진 그림
(하) 롱샹 성당 남측 벽의 색과 빛

표 3. 르코르뷔지에의 두 예배공간에서 광원에 따른 자연광의 존재 이유와 역할

광원과 색		장소	자연광	존재 이유	역할
노출된 광원	채색된 유리를 통과한 빛	롱샹	①	내부 첫인상 / 빛의 그림	영적 신비
		라투레트	–	–	
	채색된 면에 반사된 빛	롱샹	③	성모상으로의 주의 집중 / 제단 뒷벽을 위한 빛과 색 오브제	주의 집중과 조명
		라투레트	–	–	
	무색 빛	롱샹	②④⑤⑨	남쪽 벽과 지붕의 운동성 / 예배실 상부와 제단 뒷벽을 위한 조명 / 두 곡벽 사이의 이격	공간적 역할 (조명 / 운동감과 이격 등)
		라투레트	⑪⑭	예배실 상부와 제단 뒷벽을 위한 조명	
감춰진 광원	채색된 면에 반사된 빛	롱샹	⑥⑦⑧	안정감과 숭고함	안정적인 영화靈化
		라투레트	⑩⑫⑬	개구부에 깊이를 줌으로써 내향성 고양	
	무색 빛	롱샹	–	–	
		라투레트	⑮	예배공간 상부의 빛 오브제와 조명	주의 환기와 조명

광원의 노출 여부를 따라 자연광의 존재 이유와 그 역할을 정리하면 〈표 3〉과 같다.

색이 담긴 자연광

| 르코르뷔지에의 색

르코르뷔지에가 제안한 예배공간이 색을 담은 빛의 향연이 된 것은 그가 빛이 유입되는 곳에만 집중적으로 색을 도입했기 때문이다. 빛과 색이 동행한다는 말이다. 빛은 색채를 탄생시킨다. 색은 자유로운 빛에서 나온다. 어둠 속의 색은 의미가 없다. 르코르뷔지에의 예배공간에서 빛이 색과 함께하는 방식은 적절하게 양量이 통제된 빛의 가치를 높여주면서 특정한 지점으로 주의를 집중시키고, 내부 공간의 거친 마감을 잊게 하면서 생기를 부여한다. 일찍이 르코르뷔지에는 건축에서 색채의 세 가지 기능으로 공간을 수정하고, 대상물을 분류하며, 생리학적으로 우리에게 작용해 감성에 강하게 반응함을 지적한 바 있다.[50] 그에게 색은 설명하기 위한 수단이 아니라 상호 관계 속에서 그 자체가 목적이 되어 상징성을 가진다.[51] 치장을 위한 색이 아니다. 유채색이 적용되지 않은, 백색이나 그냥 시멘트색으로 마감된 면에 빛이 떨어지는 경우는 예외 없이 앞에서 언급한, 광원이 노출된 채 공간적 이유로 빛이 유입된 때다.

르코르뷔지에는 "벽을 채색하는 일은 그냥 꽃밭 속에 파묻히게 하기 위한 것이 아니라 창작자의 의도와 관찰자의 감정 사이에 있을 수 있는 모든 상황을 검토하는 것이다."[52]라고 말했다. 그가 1920년대에 적용한 건축적 다채색이 구조의 논리로부터 시선의 형식을 조절하도록 조처됐음을 밝힌 선행연구는 그가 물질의 내재적 성질에 관련된 객관적 측면—받치기tenir—과 인간의 감각 질서에 관련된 주관적 측면—느끼기émouvoir—을 동시에 생각함을 보여준다. 또한 객관성과 주관성이 이중으로 부상하는 가시적인 영역 표면에 나타나는 색채는 건축물의 실제적 구축 질서가 관찰자에 대한 감동의 조건으로 작용하도록 시각화된 결과임을 설명한다.[53] 그는 백색이 주는 환희를 만끽하기 위해 그 주위에 색채의 힘을 배치해야 했으며, 이렇게 고안된 다채색이 영혼의 도약에 응답하는 공간과 다양성을 가져다주며 삶을 약동하게 하여 삶을 꽃피우게 한다고 생각했다.[54] 르코르뷔지에의 1920년대 색은 녹·적·청·갈·백·

흑색으로 요약된다. 1950년대 예배공간에서는 갈색이 동일 계열인 황색으로 바뀌어 녹·적·청·황·백·흑색만 나타났다. 녹·적·청·황색은 색채 연구자들로부터 기본 4색으로 인정된 색들이다.[55]

오랜 기간 현대 회화의 모험에 동참한 화가이기도 한 르코르뷔지에는 건축가로서 자신만을 위한 색이 아닌, 다른 건축가들도 활용할 수 있도록 색을 자의적으로 해석하지 않고 색채심리학을 고려한 객관적이고 분석적인 결과를 얻고자 부단히 색을 연구했다. 그림을 그리는 건축가로서 건축물의 실제적 구축 질서가 관찰자에 대한 감동의 조건으로 작용할 수 있도록 색채를 통해 시각화하고자 했다. 1931년 미장 재료를 생산하는 독일의 살루브라Salubra 벽지 제조사로부터 벽지를 위한 색채 연구를 의뢰받아 43개의 조화로운 색들로 구성된 일람표를 만들었고, 1959년에 이 일련의 색에 20개의 더 대담한 색조를 더해 63개의 색채

| 2016년 이탈리아 타일회사 지가체르Gigacer사와 스위스 르코르뷔지에 재단이 협력해 개최된 르코르뷔지에 색채 전시회

체계를 수립한 르코르뷔지에의 연구는 1920년대부터 1950년대까지 그의 건축 작품에 적용된 기본색들을 바탕으로 삼았다. 2016년에 이탈리아의 고급타일 제조사 지가체르Gigacer사와 스위스 르코르뷔지에 재단이 협력한 르코르뷔지에 색채 전시회가 개최됐다. 지가체르는 르코르뷔지에가 건축에 적합하다고 생각한 정확한 색상 톤 모음인 건축적 다색채Polychromie Architecturale의 색상을 사용할 수 있는 라이선스를 획득해 자사의 도자기 제품, 건축용 자기와 석기의 색에 적용하고 있다.

채색된 유리를 통과하는 빛

르코르뷔지에가 예배공간의 내부에 빛과 함께 색을 도입하는 두 가지 방안 가운데 하나는 고딕 성당의 스테인드글라스에서 효과가 검증된, 자연광이 통과하는 유리면을 채색해 색이 담긴 빛을 들이는 것이다. 수임 당시 무신론자였고[56] 이전의 종교건축 작업에서 여러 번 실망했던 르코르뷔지에는 처음에 롱샹 성당의 설계를 의뢰받고 주저했다. 이미 다른 건축가에 의해 한차례 설계가 진행됐던 라투레트 수도원도 당시 작업이 진행 중이던 롱샹 성당 작업에서 전적인 자유를 약속하고 이를 지켰던, 롱샹 성당이 소속된 도미니크 수도회에서 의뢰한 거라서 연달아 맡게 됐다. 이 두 과업이 르코르뷔지에에게 맡겨진 사정이 흥미롭다.

롱샹 성당과 라투레트 수도원 계획을 그에게 의뢰한 1950년대 초반에 프랑스 가톨릭은 급변하는 세상에 적응하려고 애쓰는 프랑스 국민과 너무 동떨어진 채 여전히 중세의 종교의식과 사고에 빠져 있었다. 이런 고민은 1930년대부터 이미 시작되어 그 해법으로 현대 예술을 가톨릭 문화에 도입해 혁신을 꾀하려는 시도가 있었다.[57]

| 전적인 은혜 성모 성당에 루오가 그린 예수상

현대 회화가 성당의 스테인드글라스로 그려진 초기 사례로는 1949년 전적인 은혜 성모 성당Église Notre-Dame de Toute Grâce du Plateau d'Assy, M. Novarina, 1937-1946에 화가 루오G.-H. Rouault, 1871-1958가 그린 예수와 성녀 베로니카, 도미니크회 수사이자 천주교 사제로서 어릴 때부터 화가가 되고 싶었으나 제1차 세계대전으로 꿈이 깨진 이후에도 회화 연구를 계속한 쿠튀리에 신부가 그린 성 라파엘 대천사가 있다. 이 성당에는 쿠튀리에 신부가 주도해 입체파 조각가 립시츠Jacques Lipchitz, 1891-1973가 디자인한 십자가, 르코르뷔지에와 친밀했던 화가 레제Fernand Léger, 1881-1955가 성당 정면 벽에 그린 큰 모자이크화 등 많은 논란을 불러온 현대 작품들이 설치됐다. 이외에도 브라크Georges Braque, 1882-1963, 샤갈Marc Chagall, 1887-1985, 마티스H. Matisse, 1869-1954 같은 근대 회화의 거장을 포함한 여러 예술가가 그들의 신앙에 의해서가 아닌 각자의 예술적 재능에 따라 회화, 조각품, 벽걸이, 유리공예, 도예품, 모자이크, 가구와 제기 등을 제작해 말 그대로 진정한 근대예술 표명의 장이 됐다. 립시츠는 제2차 세계대전 때 독일에 점령된 프랑스를 떠나 뉴욕으로 이주했다. 쿠튀리에 신부는 립시츠를 뉴욕까지 찾아가 이 성당

| 전적인 은혜 성모 성당의 정면 열주 뒷벽에 그려진 페르낭 레제의 모자이크

에 설치할 성모상 제작을 의뢰했다. 립시츠가 놀라며 "제가 유대인인 걸 모르십니까?"라고 질문하자 쿠튀리에 신부는 "그 점이 선생을 난처하게 할까요?"라고 반문했다.[58]

다른 사례로는 건축설계부터 벽화와 스테인드글라스까지 모두 화가 마티스가 작업한 방스 묵주 소성당Chapelle du Rosaire de Vence, 1949-1951이 있다. 마티스는 니스Nice 인근인, 이 소성당이 세워진 지역에 1917년부터 정착한 후 "이곳은 빛이 주인이 되는 땅이다. 색채는 그 후에 나온다. 가장 중요한 것은 빛을 느끼는 것이다. 당신 안에 이미 빛을 가지고 있어야 한다."[59]라며 자신이 계획한 소성당의 근원을 밝혔다. 마치 1888년에 화가 반 고흐Vincent van Gogh, 1853-1890가 자신의 영혼을 고무하고 화풍에 생

| 마티스의 작업인 방스 묵주 소성당의 내부

기를 불어넣을 유일한 횃불로 태양을 찾아 프랑스 남부에 있는 아를Arles로 간 것처럼 생폴드방스Saint-Paul-de-Vence의 햇빛이 마티스를 부른 것이다. 마티스의 이 이주移住는 그의 1910년대 엄격하고 추상적인 그림에서부터 1920년대의 이른바 '니스 시대'의 장식적이고 햇살이 내리쬐는 내부로, 그리고 그의 마지막 10년 동안의 근본적으로 혁신적인 색종이 그림까지 작업 변화의 시작을 기약했다.

이렇게 고전에 대한 호감에 참신함을 접목함으로써 과거의 양식을 계승하고 발전시키려는 시도가 행해지던 중에 프랑스 가톨릭과 현대 예술의 만남이라는 임무를 부여받아 르코르뷔지에를 설득해 롱샹 성당과 라투레트 수도원 설계를 맡긴 이가 바로 쿠튀리에 신부였다. 쿠튀리에 신부는 "우리와 신앙이 다른 예술가들이 우리를 위해 일할 수 있도록 해줘야 한다. 그들의 창작을 통해 우리는 500년 동안 그 누구도 해주지 않았던 위대한 이야기를 들을 수 있을 것이다."라며 르코르뷔지에를 시종일관 옹호했고, 그 결실이 롱샹 성당과 라투레트 수도원이다.

르코르뷔지에는 가톨릭교회에 대한 거의 유전적인 불신을 지니고 있었다. 그는 '오직 성경으로'의 정신으로 중세의 타락한 가톨릭에 대항한, 12세기에서 13세기까지 프랑스 남부의 알비와 툴루즈를 중심으로 생겨나 오늘날 개신교의 바탕이 된 카타리파, 알비파, 또는 순수파라고 불리는 기독교 교파의 후손이었다.[60] 르코르뷔지에는 그의 조상들이 종교 박해를 피해 지중해변의 고향을 떠나 숨어든 스위스 산중의 라쇼드퐁에서 태어나고 교육받았다. 르코르뷔지에의 조상을 종교적으로 패퇴시킨 이가 도미니크회를 창시한 성 도미니크Saint Dominique, 1170-1221였는데, 아이러니하게도 르코르뷔지에는 그 교파를 위한 성당과 수도원을 계획했다. 종교건축에 현대건축과 현대 회화를 도입하려는 '신성한 예술l'Art sacré' 운동의 주동자들이 내민 손을 잡은 것이다.[61] 특히 롱샹 성당은 마티스의 작업처럼 '총체적인 예술작품'으로 기획되어 200명을 수용하는 본당 회중석과 작은 채플 세 개, 1만 명의 순례자가 1년에 두 번 야외 미사를 드릴 수 있는 야외 제단 마련 요청 이외의 건축 구상은 전적으로 건축가에게 위임됐다. 1948년에 이미 쿠튀리에 신부가 르코르뷔지에에게 의뢰하려 했던, 마르세유 인근의 라생트봄La Sainte-Baume에 있는 유명한 동굴 성당의 설계가 관료들의 반대로 무산된 적이 있어 다시는 '빌어먹을' 수도회가 의뢰하는 일은 절대로 맡지 않겠다고 선언했고 롱샹 성당의 계획 참여도 단박에 거절했던 르코르뷔지에를 달랠 백지수표를 내민 것이다. 성당이 위치한 곳이 그의 영감을 강하게 자극한 덕도 컸다. 종교, 신앙, 문화를 뛰어넘는 넓은 아량과 아름다움을 향한 쉼 없는 탐색으로 서양의 근대예술을 대표하는 종교건축을 탄생시킨 원동력이 된 쿠튀리에 신부는 안타깝게도 롱샹 성당의 완공을 보지 못하고 1954년 중증 근무기력증으로 세상을 떠났다.

이렇게 발주자의 우호적인 신임하에 르코르뷔지에에게 맡겨진 두 예배공간에서 상당수의 빛이 색을 품고 있어 스테인드글라스처럼 창유리에 직접 색이 칠해진 방식을 즐겨 적용한 것 같지만, 실제로는 롱샹 성당 남측 벽의 창들만 여기에 해당한다. 이 창들의 형태적 특징과 공간적 의미에 대해서는 앞에서 살펴봤는데, 이곳의 다색채도 녹·적·청·황색으로 한정됐다. 캔버스 그림뿐 아니라 규모가 큰 벽화와 벽걸이도 자주 그리고 제작했던 르코르뷔지에는 이곳의 창들에 그림과 글씨, 색을 넣으면서 남측 벽 전체를 하나의 작품으로 여겼다. 적게는 여덟 번 칠해진 녹색에서 많게는 열한 번 칠해진 적색까지 큰 차이 없이 골고루 등장하는 네 가지 색은 벽면의 상-중-하로 열한 번-아홉 번-열여섯 번, 좌-중-우로 열네 번-일곱 번-열다섯 번 적용됐다. 상대적으로 색이 적게 적용된 가운데 부분은 덜 뚫려 있기도 해서 벽으로서 최소한의 면성面性은 견지한 채 백색의 벽면에 빛에 담긴 색이 묻는다.

이 벽 개구부의 크기 변화와 색 및 낙서 같은 글씨(마리아, 별, 바다, 충만한 은혜 등)의 배정, 각 유리창을 분할하기 위한 프레임은 예술가 르코르뷔지에의 감성을 따랐다. 러시아 절대주의Suprematism에서 말레비치K. Malevich, 1879-1935의 아키텍톤architekton이나 엘리시츠키El Lissitzky, 1890-1941의 프라운Proun, 데스틸De Stijl을 주도한 몬드리안P. Mondrian, 1872-1944과 반 두스뷔르흐Theo van Doesburg, 1883-1931의 시도처럼 근대주의 선각자들은 2차원에서의

| (좌) 말레비치의 아키텍톤
| (우) 엘리시츠키의 프라운Proun 공간

공간 표현에 한계를 느껴 3차원적 탐구에 나섰고, 색을 안료로 본 게 아니라 광학적으로 인식했다. 르코르뷔지에는 2차원 이미지인 백색의 벽에 두께를 줘서 3차원으로 만들고, 네 가지 색과 함께 계절과 시간, 날씨에 따라 달라지는 빛을 재료로 삼아 롱샹 성당의 남측 벽에서 유희했다. 한때는 유리창 표면뿐 아니라 빛이 반사되는 개구부 측면의 채색도 진지하게 고려했던 이 벽에서 그가 1945년부터 건축을 형태·입체·색채·음영·음악까지 포함한 종합예술로 여긴 시도가 마침내 성취됐다.

| 채색된 면에 반사되는 빛

르코르뷔지에의 예배공간에서 빛에 색이 담긴 두 번째 이유는 광원이 가려진 채 들어온 빛을 받아 반사하는 면들이 채색됐기 때문이다. 유일한 예외로 광원이 노출된 채 이 방법이 쓰인 경우는 롱샹 성당 제단 뒷벽의 성모상이 위치한 창③이다. 내외부 벽 표면에서 조금씩 돌출되도록 사각형 튜브가 꼽혀 깊이가 있는 이곳 개구부의 위쪽 면에는 녹색, 측면에는 적색과 황색이 채색되어 있는데, 앞에서 설명한 공간적 존재 이유와 함께 불길에 그을린 목재 성모상을 향한 시선 집중에 색이 힘을 실어준다. 롱샹 성당에서 자연광을 받는 면이 채색된 곳은 세 개의 수직적인 소채플에서다. 남서쪽⑥과 북서쪽⑦ 모서리의 두 채플 내벽에는 백색이, 북쪽 중간에 있는 소채플⑧의 내벽에는 적색이 칠해져 있다.

남서쪽 모서리의 가장 높은 소채플⑥은 형태적·공간적으로 모두 뚜렷한 역할이 있다. 앞에서 살펴본 것처럼, 외부적으로는 남측 벽과 지붕의 남동쪽과 동쪽으로의 운동성을 지탱해주는 굳건한 수직적 요소다. 성당으로의 진입부인 남측에서 온전하게 하늘로 똑바로 향한 이 수직적

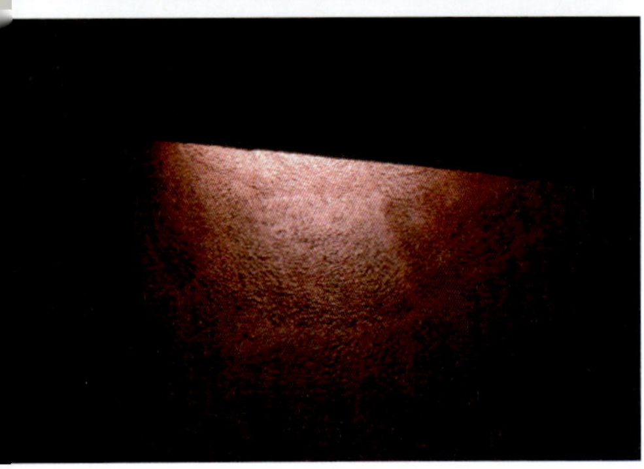

| (상) 롱샹 성당의 수직적인 채플과 벽 및 지붕의 운동성
(중) 롱샹 성당의 남측 벽과 소채플에 유입되는 자연광
(하) 롱샹 성당의 제단 쪽 소채플의 붉은 벽을 밝히는 자연광

인 소채플 볼륨이 벽과 지붕의 특이한 두께와 형상, 다양한 크기의 깊은 창들이 만들어내는 움직임과 운율이 가능토록 든든히 버텨준다. 내부에서는 남측 벽의 이색적인 뚫림과 빛과 색에서의 다채로움과 대비되며 독립된 기도처로서의 안정된 영역을 제공한다. 이 소채플에서 뒤돌아보면 곡벽으로 이어진 북서쪽 채플⑦이 보인다. 이 두 소채플은 마치 순례자를 감싸듯 오목하게 휘어진 유연한 서측 벽으로 연결되어 있다. 여러 크기의 창으로 열린 남측 벽으로 인해 고양된 분위기가 이 두 소채플과 그 사이의 무창으로 닫힌 흰색의 서측 벽에 의해 진정된다. 반면에 나머지 한 소채플⑧은 예배공간으로 들어가는 입구에 의해 이웃한 소채플⑦과 띄어진 채 마주 보는 남측 벽의 풍부한 색채에 대응하며 내벽에 그리스도의 피를 상징하는 적색이 칠해졌다.

라투레트 수도원에서는 장방

형인 부속성당의 모서리를 밝히며 색이 적용되지 않은 자연광들인 ⑪, ⑭, ⑮를 제외한 일곱 개의 수평창⑩, 지하예배당의 천창들⑫과 제의실의 천창들⑬에서 빛을 반사하는 면이 채색됐다. 부속성당의 주출입구로 접근해 롱샹 성당의 나가는 문처럼 가운데에 경첩이 있는 회전문을 90°로 열면, 회전문의 단면이 수직대가 되고 맞은편 벽면의, 빛을 반사하는 수평적인 개구부가 수평대가 되어 십자가를 이룬다. 이때의 수평적 빛은 그리스도의 피를 상징하는 붉은 빛이다. 서측 벽면의 이 수평 개구부는 더 안으로 들어갔을 때 좌측으로 나란히 보색인 녹색과 황색, 무색의 세 수평적 개구부로 연계되며 신자석을 낮은 조도로 밝힌다. 맞은편 동측 벽에서도 황·적·녹색의 세 수평적 개구부⑩가 마주 보며 좌우 균형을 맞춘다. 앞에서 제시한 그림에서처럼 양편의 수평 개구부가 3개와 4개로 숫자가 다른 것은 부족한 하나의 위치에 부속성당으로 들어가는 출입문이 있기 때문이다.

문 가운데에 위치한 경첩으로 인해 180° 회전하며 열리는 라투레트 수도원 부속성당의 출입문과 십자가형을 이루는 신자석의 수평 개구부

이 수평적 개구부를 통해 들어오는 빛⑩을 들이는 이 창들은 내부에서의 개구부보다 외부에서의 개구부가 높은 위치에 뚫려 있어, 일어선 자세로 이곳을 보면 외부 면에 맞춰 높이 달린 유리창이 보이지 않는다

| 라투레트 수도원 부속성당의 신자석 뒤에서 유입되는 자연광

고 앞에서 설명했다. 빛이 통과하는 유리창이 안 보이는 대신 개구부의 경사진 단면의 두 측면과 하부가 채색되어 색을 머금은 빛이 서 있는 신자들의 눈에 보인다. 이곳 부속성당의 신자석은 롱샹 성당의 신자석처럼 제단을 마주 보고 앞뒤로 배열된 것이 아니라 제단과 90° 각도로, 직사각형 평면에서 장축의 벽을 따라 서로 마주 보며 2열로 놓여 있다. 그래서 이 신자석 뒤편 수평창들의 경사진 개구부 단면은 빛을 수평이 아닌 단면의 경사각만큼 아래로 내려오게 해 벽에 붙어 나란히 설치된 신자석에 빛이 떨어지게 한다. 그리고 이 신자석에 앉아 있는 이들은 채색된 벽에 반사되어 들어온 색을 담은 빛이 아니라 투명한 유리를 통해 들어온, 색의 영향을 덜 받는 빛을 뒤에서 받게 된다.

주 출입문으로 들어와 북측의 제단 쪽을 향해 오른쪽으로 돌아서면 좌편에 지하예배당의 천창⑫, 우편에 제의실 천창⑬, 앞쪽 북동 모서리의 수직창⑪에서 들어온 빛이 한눈에 들어온다. 이 세 빛이 좌우로는 건물의 폭, 앞뒤로는 건물의 길이를 인지케 한다. 부속성당의 전체 체적에 비해 빛이 반사되어 유입되는 부분들이 작게 한정되어 전반적으로 어두운 내부에서 좌우의 천창들로부터 유입되는 청·적·황색의 3색 빛은 무채색 공간 속의 원색으로 눈길을 끈다. 여기서 빛과 함께하는 색면들 가운데 가장 먼저 눈에 띄는 곳은 부속성당의 장방형 공간 좌측 밖으로 물러나 있는 지하예배당의 천장과 우측에서 부속성당의 장방형 안으로 밀고 들어오는 우측 제의실의, 육중한 인상을 주는 벽 볼륨이다. 르코르뷔지에가 지하예배당과 제의실의 색을 어떻게 정했을지를 추론하기 위해 먼저 눈에 띄는 이 두 곳에 적용된 색에 주목한다.

(상) 라투레트 수도원 부속성당의 신자석에서 제단 방향으로 본 모습
(하) 장방형 공간인 라투레트 수도원 부속성당 안으로 밀고 들어오는 육중한 인상의 제의실

르코르뷔지에에게 색채는 내부 공간에서 부피를 강조하거나 표면을 분해하는 시각적 요소다.[62] 그가 청색 계열은 공간을 창조하고 거리감을 주며 공중에 뜬 분위기를 만들고, 적색 계열은 벽을 고정하고 정확한 상황과 규모를 확정지으므로 '청색-공간bleu-espace', '적색-면의 고

| 라투레트 수도원의 지하예배당

정rouge-fixité du plan'으로 정리한 것이[63] 지하예배당의 청색 천장과 적색을 입은, 무게감이 느껴지는 제의실의 벽 볼륨과 연관이 있어 보인다. 1931년에 그가 발표한, 당시 회화와의 관계하에 건축가들을 위해 수행한 다색 연구의 결과가 20여 년 후에 계획된 라투레트 수도원에 적용됐다. 1920년대의 작품들에서 청색 계열의 색채는 가볍고 멀어지는 느낌을 주므로 공간을 만드는 데 적합하며, 적색 계열의 색채는 무겁고 통과가 불가능한 느낌을 주기에 움직이지 않는 표면의 형성에 도움을 준다고 생각한 것이[64] 1950년대에도 변치 않았음을 보여준다.

이 색채이론을 따르면 세 번째로 눈에 잘 띄는 제의실 볼륨 위의 천장도 청색이어야 하나 한눈에 보이는, 좌우편에 나란히 위치한 지하예배당과 제의실의 두 천장을 모두 청색으로 하는 것은 색의 조화에 바람직하지 않았을 것이다. 따라서 제의실 볼륨이 적색임을 감안해 그 천장에는 황색을 선택해 삼원색이 보이게 했을 것으로 추론된다. 우측 제의실에서 적색 볼륨 면이 넓은 면적을 차지하며 하중을 느끼게 하고, 좌측 지하예배당에서는 반대로 공간에 띄워져 있는 3개의 원형 천창 중 가운데 것의 측면에 적색을 선택하고 부속성당과 뒤편 지하예배당 사이를 가리는 칸막이에 황색을 적용해 본당에서 지하예배당 쪽을 봤을 때도 적·청·황색의 3원색이 보인다. 둥근 내벽에 적·청·백색이 칠해진 '빛 대포'를 통과한 빛 일부가 노란색으로 칠해진 채 거푸집의 흔적이 남아 있거나 강바닥처럼 거칠거나 매끄럽게 마감 처리된 표면 위에 떨어진다. 뒤로 물러나 신자석에서 제단 쪽을 바라보면 좌측 윗부분이 청색이고 우측 아랫부분이 적색이며, 좌측의 아랫부분과 우측의 윗부분이 동일한 황색이어서 서로 엇갈리며 대조와 동질의 느낌을 일으킨다. 이렇게 색을 배치함으로써 거친 콘크리트 표면 일색으로 상자형의 검박한 본당과 대비되며 곡벽의 조형성이 돋보이는 지하예배당은 절묘하게도 앞과 뒤, 측면 어디에서 봐도 적·청·황색의 삼원색이 보이도록 채색됐

(상) 라투레트 수도원 지하예배당의 빛의 대포
(하) 어디서 보나 3원색인 라투레트 수도원 지하예배당의 후면

다. 좁은 지하예배당과 제의실에 색이 주는 생동감과 빛이 주는 생명력을 부여하면서, 본당에서 봤을 때는 종으로 긴 장방형 공간에서 내부 지향성을 견지한 채 전통 성당의 십자가형 평면처럼 횡적인 양쪽으로 주의를 끄는 역할을 빛과 함께하고 있다.

지금까지 살펴본 빛과 색채의 특징과 의미를 요약하면 〈표 4〉와 같다. 〈표 4〉에서 볼 수 있는 것과 같이 유리면에 색이 가해진 경우는 특별한 효과를 노린, 롱샹 성당의 남측 벽 ①뿐이다. 르코르뷔지에는 이 방식의 조명이 로마네스크와 고딕 예술이라는 오래된 건축 개념과 너무 긴밀하게 연계되어 있다고 생각해 다른 데서 적용하는 것은 자제했음을 밝혔다.[65]

표 4. 르코르뷔지에의 두 예배공간에서의 자연광과 색의 특성과 의미

	장소	자연광	특성	의미
채색된 유리를 통과한 빛	롱샹	①	전통 교회 스테인드글라스의 계승 및 발전 / 르코르뷔지에의 예술적 감성의 발현 / 광학적 색	종합예술로서의 건축
	라투레트	–	–	–
채색된 면에 반사된 빛	롱샹	③⑥⑦⑧	성모상으로의 집중 / 희고 순수한 빛과 붉고 무거운 빛	남측 벽의 형형색색의 빛 정돈
	라투레트	⑩⑫⑬	어두운 실내에서 색의 생동감과 빛의 생명력의 조합 / 전통 성당의 십자가형 평면처럼 횡적인 양쪽으로의 주의 유도	내부 방향성 / ⑩번 빛은 신자석에 앉았을 때는 색의 영향을 덜 받는 빛이 됨

빛과 공간의 조합

이제는 이런 다양한 빛을 내부로 유입시키는 개구부의 위치와 모양의 선택이 내부 공간에 어떤 영향을 미치는지를 예배공간별로 정리해보자.

| 롱샹 성당의 빛, 다채로움과 평정의 조화

롱샹 성당의 예배공간에서 보이는 자연광은 세 개의 소채플을 제외하면 동쪽과 남쪽의 벽 개구부에 집중돼 있다. 이곳에 유입되는 여러 빛은 이 성당에서 가장 강렬한 인상을 주는 남측 벽 개구부들의 모습과 그 개구부들을 통해 들어오는 색을 담은 다채로운 빛과의 관계에서 주목된다. 남측 빛의 특성과 대조되는 빛을 마련했으나 갈등 관계가 아닌 격려와 정돈, 균형의 관계를 보이는 것이다.

앞에서 제시한 그림에서 볼 수 있는 것처럼 남측 벽의 창들①은 상중하 3열로 벽 전체에 산재해 있다. 이 색을 담은 서로 다른 크기의 창들과 빛과 색의 다양성을 정돈시켜주는 역할을 남측 벽과 천장이 만나는 부분의 긴 수평적 틈새⑨와 동측 벽과 남측 벽이 만나는 모서리가 열려 형성된 수직적인 창②이 한다. 앞에서 언급한, 이 창들 각각의 공간적 존재 이유와 함께 세 개가 한 묶음으로도 상호 간의 존재의미가 읽힌다. 남측 벽의 전례 없는 다양한 뚫림과 그 개구부를 통과한 색을 담은 빛의 자유로움을 벽과 천장이 만나는 수평적 틈새와 남측 벽과 동측 벽이 만나는 수직적 틈새가 형성하는 단순성이 포용하는 것이다. 성당의 높이와 길이를 보여주면서 남측 벽의 다양한 열림과 빛과 색을 정돈하는 이 두 틈새는 빛으로 그려진 화폭의 액자 역할을 한다.

| (상) 롱샹 성당 남측 벽의 집단적이고 색채가 풍부한 빛
(하) 롱샹 성당의 남측 벽 빛과 대조적인, 수직적 소채플의 안정적인 빛

롱샹 성당의 세 개의 수직적인 소채플⑥⑦⑧은 남측 벽의 음악적인 빛을 안정시키는 정적인 빛을 도입한다. 남측 벽의 집단적이고 색채가 풍부한 빛으로 인해 동요할 수 있는 예배공간을 이 정적인 빛들로 안정시킨다. 여덟 개의 제대autel를 하나의 계단식 공간에 모으고 그 위에 세 개의 원형 천창을 둔 라투레트 수도원의 지하예배당과 달리, 제대를 세 곳으로 나눠 독립시키고 각각 안정된 영역성을 부여한 채 수직적으로 떨어지는 반사광만을 들임으로써 남측 벽의 집단적 빛에 맞선 고요하고 개별적인 대응으로 균형감을 얻는다. 이렇게 지붕 위로 솟은 세 소채플은 외적인 조형성과 내부에서의 공간성에서뿐만 아니라 빛의 성격에서도 중요한 역할을 감당한다. 숙고를 통해 열린 개구부를 통한 빛 유입이 공간적 균형감에도 일조하는 것이다.

| 라투레트 수도원 부속성당의 빛, 고요 속에서의 생동

단순한 장방형인 라투레트 수도원 부속성당은 수도원 전체와 마찬가지로 별도의 내부마감 없이 검소하다. 부속성당 내부에 음향처리를 위한 마감계획을 시간에 쫓기며 서둘러 마련했으나 예산 부족으로 실행되지 못했다. 그 결과 어둡고 거친 콘크리트 표면의 원초성이 양은 많지 않으나 각각의 존재 이유를 갖고 뚫린 개구부들을 통해 들어온 빛과 그곳에만 국한된 색의 의미를 더 생생하게 한다.

본당의 단순성을 보완하려는 듯 그랜드피아노형의 곡면 벽 안에서 정교한 공간성을 지닌 지하예배당은 검박하기에 더 심오하게 다가오는 장방형 윤곽 밖으로 빠져나간 채 황색으로 눈길을 끄는 낮은 칸막이로 가려져 그 너머에 대한 호기심을 불러일으킨다. 이 칸막이의 뒷면은 적색이어서 그쪽에서 보이는 청색의 천장, 황색의 벽과 함께 3원색을 이룬다.

거친 마감의 상자형 부속성당에 영감을 부여하는 것은 광원이 감춰진 채 유입되는 자연광이다. 먼저 제단에서 신자석 쪽을 바라보면, 양편 벽에 수평적으로 우편에 네 개, 좌편에 세 개가 나란히 있는 개구부⑩가 소실점을 향한 수평적 방향성을 부여한다. 맞은편 남측 벽면 상부 지붕과 만나는 곳의 개구부⑭는 좌우로의 수평적 움직임을 드러낸다. 천장의 이 수평적 개구부 앞에 천창 유리를 가리는 정사각형 튜브⑮가 지붕을 뚫고 내려오면서 천장에 매달려 있어 수직적인 운동감을 시각적으로 드러낸다. 이런 개구부들의 위치와 모양이 이미 3차원적 방향성을 보이는데, 이 개구부들을 통해 들어오는 빛들도 이에 일조하며 운동감을 띤다. 양편 벽의 나란한 개구부에서는 수평적이면서도 개구부의 단면 모습을 따라 약간 아래를 향한 사선적 빛⑩이 좌우로, 벽과 천장의 틈 사이

| 라투레트 수도원 부속성당의 신자석에 운동성과 방향성을 부여하는 개구부의 위치 및 모양(실선 화살표)과 자연광 유입 방향(점선 화살표)

에서는 천장을 타고 들어오는 수평적 빛이 앞으로 나아오고⑭, 천창에서는 빛이 아래로 떨어진다⑮.

신자석에서 제단 쪽을 바라보면, 역시 양편 벽의 개구부⑩는 마찬가지로 소실점으로의 방향성을 보인다. 벽과 천장이 만나는 곳이 수평적으로 열린 반대쪽과 달리 북동쪽 모서리가 수직적으로 열린 개구부⑪는 수직적 방향성을 보인다. '빛 대포'가 보이는 좌측의 지하예배당은 장방형의 볼륨 밖으로 밀려나 있고, '빛 경기관총'이 보이는 우측 제의실의 붉은 볼륨은 장방형 안으로 밀고 들어왔다. 빛을 보자면 양편 개구부의 빛⑩은 앞에서 언급한 것과 동일하고, 북동쪽 모서리의 빛⑪은 동측 단부의 벽면을 타고 앞으로 나아온다. 지하예배당과 제의실의 천창들⑫⑬을 통해서는 수직적인 빛이 떨어진다.

이렇게 라투레트 부속성당에서의 빛은 침잠에만 빠질 수 있었던, 수수하고 꾸밈이 없는 어두운 내부에 운동성과 방향성을 부여해 고요함 속의 생동감을 불러일으킨다. 지하예배당과 제의실이 종적縱的인 공간성인 부속성당에서 서로 마주 보며 위치한 까닭에 그 양편으로 떨어지

| 라투레트 수도원 부속성당의 제단에 운동성과 방향성을 부여하는 개구부의 위치 및 모양(실선 화살표)과 자연광 유입 방향(점선 화살표)

는 빛으로 인해 마치 전통 성당의 십자가형 평면처럼 횡적橫的인 공간성이 느껴지는 것은 앞에서 이미 거론됐다. 반대편에서 서로 마주 보는 지하예배당과 제의실은 지하예배당에서 하나씩 점차 밑으로 내려가는 제대들을 잇는 계단을 따라 본당 아래로 내려가면 있는 지하복도를 통해 연결되어 있다.

두 예배공간에서 자연광이 지닌 의미

르코르뷔지에가 생전에 완공한 두 예배공간에 유입된 자연광이 조명이라는 빛의 일차적 사명을 넘어 내부 공간성 조성에 여러 역할과 의미를 감당하고 있음을 확인하기 위해 먼저 광원 노출 여부에 따른 빛의 특성과 역할을 살펴봤다. 광원이 노출된 빛 대부분은 인공조명이 없어 어두운 예배공간의 상부나 제단의 뒤편을 밝히는 조명의 임무를 수행하면서, 내부의 역동성 같은 공간적 특질을 빛으로 살리는 임무를 수행한다. 이때 롱샹 성당으로 들어서면 눈앞에 보이는 남측 벽의 개구부를 통해 유입되는 이례적인 빛은, 빛 물감으로 그린 화폭처럼, 광원이 노출됐으면서도 순례자 성당의 신비롭고 영적인 분위기를 고양한다. 반면에 광원이 감춰진 빛들은 두 곳 모두에서 안정적이고 신성하면서 내향적인 분위기의 공간을 조성하는 데 기여한다.

빛과 색의 동반도 르코르뷔지에의 두 예배공간에서 발견되는 주요 특징이다. 여기서 색을 동반하지 않는 무색의 빛은 대부분 광원이 노출된 경우여서 그 유형의 특성대로 어두운 내부에서 조명 역할과 함께 빛의 존재로 인한 눈길 끌기에 도움이 되면서, 공간의 역동성을 북돋우거나 생동감을 부여한다. 유리가 채색된 경우인 롱샹 성당의 남측 벽에는 르코르뷔지에의 예술적 감성이 맘껏 발현되어 종합예술로서의 건축을 드러낸다. 유입된 빛이 채색된 면에 반사되어 빛을 머금은 경우로서 롱샹 성당에 있는 세 소채플의 고요하고 숭고한 빛은 남측 벽의 다채로운 빛에 대응해 예배공간에 긴요한 안정감을 유지한다. 라투레트 수도원에서는 색채를 드러내는 깊이 있는 빛이 구사되어 수도원 부속성당에 필요한 공간적 내향성을 얻었다.

두 예배공간에서 빛 유입을 위한 개구부들의 위치와 모양, 그곳을 통해 들어오는 빛의 방향이 매우 치밀하게 구상되었음도 확인했다. 빛과 공간성이 밀접한 관계가 있다는 것인데, 순례자들이 단체로 자주 찾는 롱샹 성당의 경우 대표적인 두 빛인 남측 벽과 세 개 소채플의 성격이 다른 빛은 서로의 특성을 견지하면서 서로 돋보이게 하고 활기와 안정감

르코르뷔지에 건축의 지속가능성 의도 다시 보기

지금까지 주로 유럽 대륙에서 활동한 르코르뷔지에가 자연광의 소중함을 깊이 인식하고 위생적으로뿐만 아니라 감성적으로도 적극 활용하고자 애쓴 것을 확인했다. 이제는 이 빛이 동반하는 열기로 인해 삶에 지장을 초래하는 지역에서의 대응법을 돌아보고자 한다. 앞에서 언급한 대로 르코르뷔지에가 활동했던 시기를 감안하면 그가 오늘날 같은 환경보호 의식이나 패시브한 친환경적 태도를 구체적으로 지녔었다고 볼 수는 없다. 뒤에 다시 이야기하겠지만, 그는 겨울이면 영하 40°C 이하로 떨어지기도 하는 모스크바에 지은 센트로소유즈 빌딩Centrosoyus Building, 1926-1936에 이중유리로 된 유리 벽을 설치하고 그 두 겹의 유리면 사이에 일정한 온도의 공기를 공급해 내부 온도를 일정하게 유지하는 '중화벽murs neutralisants'을 제안하기도 했다.[1] 이처럼 그는 극심한 기후적 난제를 기술적 대처로 이겨내려는 도전의식을 지니고 있었다.

르코르뷔지에가 이러한 제안을 제일 먼저 한 것은 그가 음향 전문가이자 공조 전문가인 귀스타브 리옹Gustave Lyon, 1857-1936과 협력해 국제연

| 센트로소유즈 빌딩 전면부, 르코르뷔지에, 모스크바

맹본부 계획안의 대회의실에 맑은 공기 공급 방안을 고심할 때였다. 르코르뷔지에는 여기서 개별 관람석 밑에 설치한 관으로 분당 80리터의 신선한 공기를 공급하는 리옹의 '시간을 잘 지키는 환기aération ponctuelle' 방식을 응용해 바닥에서 '시간을 엄수하는 공기l'air exact'를 공급하고 풍부한 채광을 위한 큰 창에 '중화벽'의 초기 사례를 적용했으나 최종 낙선되어 실현되지 못했었다. 센트로소유즈 빌딩에서 이 제안이 받아들여지지 않자 그는 파리에 계획한 구세군 빈민수용소Cité-Refuge de l'Armée du Salut, 1929-1933에서 다시 정면 전체를 덮는 중화벽을 제안해 사계절 내내 일정한 실내온도를 유지하려는 시도를 계속했다.

이런 공조설비를 동원한 해결책은 초기 설치비용과 그 후 운용비가 확보될 때 가능하다. 그런 재정적인 뒷받침을 기대할 수 없거나 자연기 사이의 균형을 잡아간다. 라투레트 수도원에서는 3차원적으로 배치된 개구부의 위치와 모양, 빛 유입 방향이 수도사들이 기도하는 정적인 부속성당에 운동성과 방향성을 부여해 고요함 속의 생동감을 일깨운다.

르코르뷔지에는 창을 어디에 어떻게 낼 것인가에는 여러 해법이 있으며 해법마다 각각 다른 느낌을 주는 다양한 해결책이 바로 건축의 기초임을 깨달아야 한다고 주장했다.[66] 그런 그에게 빛의 여정에 따라 시간의 흐름이 천천히 투영되는 해시계인 건축이 낳은 두 예배공간은 빛으로 규정되는 공간성을 품는 그릇이었다. 건축을 공간·너비·깊이·높이가 있는 것으로, 머릿속에서 만들어지는 볼륨과 공간으로서의 건축을 그리는[67] 르코르뷔지에의 두 예배공간은 이렇게 자연광을 들일 수 있는 좌우와 상부의 요소요소에서 공간과 너비와 깊이와 높이를 인식하게 하고, 때로 경건함을 지닌 안정감과 생동감을 부여하며 대비 속에서의 평형과 조화로움을 드러낸다. 건축에서의 자연광에 대한 그의 오랜 천착이 두 예배공간의 공간적 특성과 어우러진 것이다.

조형적 감동의 승리인 '형언 불가의 공간'을 조성하는 데 결정적으로 기여하는 자연광을 분석하려는 시도 자체가 무리지만, 공간과 빛의 조화로 인해 다양한 변화 속에서도 상대적 질서와 차분한 안정감이 느껴지는 롱샹 성당과 강인함이 느껴지는 장방형의 이성적인 구조 안에서 감성적인 부드러움과 섬세함이 내포되어 조화를 이루는 라투레트 수도원 부속성당의 자연광은 빛이 예술성 자체의 근원적인 감동을 불러오고 있음을 증명한다.

Chapter 2

르코르뷔지에 건축에서의 지속가능성 면모와 그 의미

후에 적응하며 살고자 하는 문화적 기조가 강한 곳에서의 건축은 이와는 다른 대안이 필요하다. 지역별 전통건축은 위치한 곳의 기후에 나름의 대응을 해왔다. 반면에 세계 어디서나 적용될 수 있다고 판단되어 '국제 양식 International Style'으로 명명됐던, 유럽의 20세기 초반 근대주의 건축가들의 작업은 이러한 기후에의 전통적 대응 방식에 소홀했고 무시했다는 지적을 받았다. 르코르뷔지에 역시 그랬을 뿐 아니라 그가 근대건축에서 차지하는 위상으로 인해 그런 과오를 일으킨 수괴로 여겨지곤 했다. 여기서 먼저 이러한 오해가 생겨난 이유를 살펴보고, 이어서 사실은 그가 건축 이론과 작업에서 당시 상황에서 건축가가 할 수 있는, 지속가능성을 염두에 둔 친환경적 배려를 잊지 않았음을 확인하고자 한다.

준공 당시 파리 구세군 빈민수용소 외관

르코르뷔지에 건축이 비환경적으로 인식된 이유

르코르뷔지에의 건축이 친환경적 측면에서 부정적인 평가를 받기도 하는 이유를 살펴보고자 그의 현대도시 계획안들이 가져온 풍파와 앞에서 언급한 '중화벽' 소동으로 대변되는 기술적 도전과 실패, '국제 양식'의 핵심 주도자라는 그에게 덧씌워진 이미지가 가져온 결과를 추려본다.

진정한 슈퍼스타는 팬과 안티를 모두 미치게 한다는데, 르코르뷔지에에게 열렬한 동조자 못지않게 극렬한 반대자가 적잖았던 것과 같은 이유라고 봐도 무방하다.

원죄 같은 현대도시 계획안들

르코르뷔지에의 생애를 통한 여러 활동에서 지금까지 가장 부정적인 평가를 받는 것은 그가 파리에 정착해 건축가로 막 첫발을 내디딘 때부터 생애 마지막까지 열정적으로 지속해서 연구를 수행했던 도시계획 분야일 것이다. 여기서 그의 도시계획이 지닌 장단점을 논하려는 것은 아니다. 대신에 혹자들이 그가 현대도시를 삭막하게 만든 주범이라고 여기는 것에 주목한다.

르코르뷔지에의 건축이 주변 환경을 크게 고려하지 않았다고 여겨지며 먼저 그의 도시계획이 거론되는 이유는 앞에서 여러 번 언급된 '300만 거주자를 위한 현대도시 계획안'이 야기한 소동 때문이다. 자신의 신분을 숨긴 채 필명으로 논쟁적인 글들을 《레스프리 누보》에 거듭 게재해 논란을 일으키다가 자신이 르코르뷔지에라고 커밍아웃을 한 것도 이 현대도시 계획안을 설명하며 언론매체에 나서면서였다.

이 소동 이후 '빛나는 도시', 《아테네 헌장》 등 일련의 제안에 대한 논의는 이미 빈번하게 이뤄졌다.[2] 여기서는 고전과 역사에 정통했고, 전통과 민속을 소중히 여기면서 건축을 배우는 학생들에게 로마가 아닌 프랑스 시골 마을로 가서 배우라고 권유했으며,[3] 자연에 대한 감수성도 예민했던 르코르뷔지에가 왜 그렇게 과격해 보이는 제안을 했는지를 살펴볼 필요가 있다.

이 계획안이 나온 1920년대 초의 파리는 지금처럼 고풍스러운 시가지가 아니라 그 직전까지 여전히 조성 중이다가 예기치 않게 맞은 제1차 세계대전이 1918년에 막 종전된 후의 어수선한 파리였다. 1850년 중반까지 중세의 모습을 간직했던 파리에서 1853년에 황제 나폴레옹 3세 Napoleon III, 1808-1873가 오스만 G.-E. Haussmann, 1809-1891 남작에게 명령해 시작된 '제2제정 치하의 파리 개조 계획 Les transformations de Paris sous le Second Empire'에 따라 많은 집과 길이 허물어지고 새로 조성됐다. 현재도 영업 중인 프랑스의 주요 은행들은 대부분 이 사업의 자금조달을 위해 이때 설립됐다. 대대로 살아오던 집이 철거되고 12구區였던 파리가 오늘날처럼 20구로 확대되면서 세금을 더 많이 내게 된 파리 시민의 누적된 불만으로 오스만은 1870년에 해임됐지만, 이미 수립된 도시계획은 1927년까지 계속 시행됐다. 그러니까 르코르뷔지에가 큰 잡음을 일으켰던 첫

| 오스만 계획에 따라 1925년에도 여전히 진행 중이던 파리 개조 계획

도시계획안을 발표했을 때 파리는 여전히 '제2제정 치하의 파리 개조 계획'을 따른 고전적 건물들로 채워지고 있었다.

앞에서 살펴본 것처럼 유럽 전통 도시의 특성을 2년간 연구하면서 그 장단점을 이미 파악한 르코르뷔지에가 보기에 이 계획은 시대착오적인 심각한 실수였다. "관행과 습관에 대해서 지칠 줄 모르고 큰소리로 '아니야!'라고 외쳐야" 했던 그는[4] '환기가 잘 되는 통합된 아름다운 파리'를 만들고자 하는 계획의 본래 취지에도 어긋날 뿐 아니라 물류는 물론이고 정보 습득과 교환에서도 속도가 경쟁력인 새로운 시대에 적합하지 않다고 여겼다. '제2제정 치하의 파리 개조 계획'의 목적에 환기가 제일 먼저 나오는 것을 봐도 불량한 환기가 당시에 얼마나 절박한 사회적 문제였는지를 새삼 확인할 수 있다. 쿠데타로 집권한 나폴레옹 3세가 또 쿠데타가 일어나면 빨리 군대를 동원해 진압하려는 불순한 의도가 숨겨진, 새로 생긴 소수의 대로boulevard와 가로수길avenue 이외의 길 대부분은 여전히 좁은 그대로인 채 주변의 건물들만 더 높아졌다. 과거의 주거형식을 고수한 좁은 중정형의 전통주거로는 당시 사망원인 1, 2위로 아직 약이 개발되지 않았거나 치료제가 보편화되지 못했던 독감과 폐렴에 속수무책으로 당하기만 했으며, 이와 관련된 다른 건축가나 도시계획가의 진지한 문제의식이나 대응 노력은 없다시피 했다.

르코르뷔지에가 네 날개의 길이가 같은 그리스 십자가형 평면인 60층의 고층 건물 26동을 도심에 계획했던 '300만 거주자를 위한 현대 도시 계획안'과 이것을 3년 후 파리에 적용한 '부아쟁 계획안'에서 이 타워들의 십자형 날개에 여러 작은 돌기들이 붙어 특이한 형상을 취한 것이나 이때 제안한 집합주거 형식에서 중정이 사라진 것이 그가 기본적인 위생 관점에서 자연광의 풍족한 유입과 환기의 극대화를 최우선시했기 때문임을 앞에서 살펴봤다. 또한 그의 '300만 거주자를 위한 현대도시 계획안'이 처음부터 어떤 이상적인 땅을 가정했거나 기존 조건을 극복하는 것이 목적이 아니라 빈틈없는 이론적 공식을 구축하고 도시 근대화의 기본 원칙들을 공식화하기 위함임도 확인했는데, 자연광과 환기가 도시의 현대적 조직화 체계의 뼈대 중 하나임을 천명한 것이다.

여기서 다층적인 교통체계는 현대도시에서 중요한 속도 경쟁에서의 승리를 겨냥했다. '빛나는 도시'에서 지상 면적의 12%만 건물 등 구조물이 차지하고 88%를 공원으로 조성해 주민들에게 돌려주려는 그의 이상은 좌우가 막힌 복도처럼 좁은 가로와 작은 중정을 둘러싼 건물이 드리운 어두운 그림자를 당연시하며 살았던 이들에겐 생소한 발상이었다.

르코르뷔지에의 도시계획안은 이렇게 하나의 이상이자 이론적 제시였다. 파리 같은 대도시가 그렇게 쉽게 바뀔 리가 없음을 그는 알고 있었다. 그러면서도 그는 자신의 제안으로 인해 "자칫 내가 상상 속의 도시에서 만들어낸 거대한 빈 공간이 죽어버리거나 주민들이 지루해하거나 공황에 사로잡힐까 몹시 걱정된다."라며 염려했다.[5] 그럼에도 그는 "사회적으로도 그렇지만 건축적 혁명의 기본 전제는 시간의 기원 이래로 인간의 삶을 조건화한 세 가지 요소, 즉 태양, 공간, 나무에서 찾을 수 있다."[6]고 믿으며 보건과 위생, 교통 문제 해결이 우선인 도시를 탐구했다. 파리가 때마다 들어선 뛰어난 건축물들 덕분에 시대를 견인해 왔음을 직시하면서, 어느덧 방어주의가 횡행하며 보전에 급급해 고착된 기념비로 굳어가는 파리에 경종을 울리고 싶었다.

1965년 여름 르코르뷔지에가 갑자기 사망했을 때 근대건축을 함께 이끌어왔던 미스 반데어로에Mies van der Rohe, 1886-1969는 "르코르뷔지에가 건축과 도시계획 분야에서 진정한 해방자였다는 사실에 가장 깊은 의미가 있으며, 그를 통해 해방된 사람들이 그의 용기와 상상력으로 열어준 자유를 어떻게 사용할지는 미래만이 알 수 있다."라고 추모했다.[7] 하지만 당시의 프랑스 건축계를 장악하고 있던 아카데미즘 인사들이 터무니없다고 여긴 르코르뷔지에의 이상적인 시도는 역사가 누적된 삶의 환경을 산산이 무너뜨리는 위험한 선동가의 섣부른 치기 같은 인상을 줬고, 그 후 르코르뷔지에 생애의 마지막까지 그들에게 시빗거리를 제공한 고약한 빌미가 됐다.

모스크바와 파리에서의 시도와 실패

건축가로서 르코르뷔지에의 경력 초기 작업에 해당하는 두 건물에서의 건축적 시도와 실패도 그의 빈약한 친환경적 인식을 드러낸 사건으로 내세워질 수 있다.

앞에서 잠깐 언급한 센트로소유즈 청사의 커다란 유리 커튼월이 '겨울이면 혹한에 빠지는 모스크바에 합당한 외장 재료인가?'라는 의혹을 불러일으켰다. 르코르뷔지에는 두 겹의 유리 또는 석재 사이에 18°C의 온도를 유지하는 공기를 불어 넣어 냉방과 난방 역할을 겸하는 '중화벽'을 제시했다. 넓은 유리 표면에서의 열손실을 상쇄시키고자 1916년부터 검토를 시작해 1929년에 확정된 이 아이디어는 기술적 효용성 논란으로 채택되지 않았고, 관례대로 유리창 안쪽에 라디에이터가 설치됐다.

르코르뷔지에는 이 제안을 파리 구세군 빈민수용소의 높이 16.5미터, 길이 57미터인 남측 유리 커튼월에도 적용코자 했다. 난방장치와 송풍기에 의해 조절된 따뜻하고 청결한 공기가 내부에서 순환되는 밀봉된 유리 커튼월은 입주민들에게 충분한 빛과 쾌적한 전망을 제공했고, 빈민수용소 소장도 만족했다. 그러나 하필 대통령이 참석한 개관식 날에 30년 만의 강추위가 찾아왔고, 언론들은 유리로 싸인 건물을 보고 재앙이라고 썼다. 완벽한 실내온도 안에서 개관식이 진행됐고 2천 명의 참석자가 증인이었지만, 파리의 공공서비스 부서는 이 밀봉된 건물에 숨 막혀 했고 경찰 본부는 조사반을 보냈다. 조사반이 시스템에 아무런 하자가 없다고 보고했음에도, 난방설비는 했지만 비용 문제로 냉방설비가 아직 되지 않은 것이 문제였다. 파리 경찰국과 센Seine 지사의 협공은 집요했고, 결국 냉방설비를 할 수 있었던 비용이 창문을 새로 내는 데 지출됐다.[8]

창문이 개방되는 파사드로 바뀐 오늘날의 파리 구세군 빈민수용소

모스크바에서부터 이 제안을 실현하기 위해 르코르뷔지에는 여러 전문가와 관련 회사들에 자문을 구했는데, 이론적으로는 옳지만 여러 가지 문제점을 지적받았다. 설비 가동을 위해 소비해야 할 에너지, 예상보다 더 많이 필요한 순환공기량, 공기 재생 방식의 불확실성, 여름철의 오버 히팅과 겨울철의 열손실 우려 등 제약이 컸다. 당시 미국의 극장이나 백화점, 오피스 빌딩 등이 이미 밀폐된 채 잘 가동되고 있었지만, 수익성 용도가 아닌 소련 협동조합 본부라는 공공건물에서 중화벽을 수용하기는 버거웠을 것이다. 오늘날 다수의 첨단 건물들에서 패시브 파사드로 쓰이는 두 겹 파사드double-skin façade를 넘어선, 기계 또는 디지털 장치와 시스템을 통합시켜 실내 기후에 적극적으로 영향을 주는 '액티브 파사드active façade'의 초기 시도가 받아들여지기에는 시기상조였다.

'국제 양식'의 굴레

'국제 양식'은 모더니즘 건축과 밀접하게 관련된, 1920-30년대 유럽에서 나타난 건축 경향을 일컫는데, 처음 생겼을 때는 부정적인 의미를 내포하고 있지 않았다. 이 용어는 1932년 뉴욕 근대미술관에서 개최되어 르코르뷔지에의 작품도 포함된 건축 전시회를 호의적으로 공동 기획한 건축역사가 히치코크H. R. Hitchcock, 1903-1987와 건축가 필립 존슨P. Johnson, 1906-2005에 의해 처음 정의됐다. 이 양식은 제1차 세계대전 이후 각각 데 스틸De Stijl[9], 르코르뷔지에, 바우하우스Bauhaus[10]로 대표되는 네덜란드, 프랑스, 독일 등지에서 출현해 전 세계로 확산되어 1970년대까지 지배적인 건축양식이 됐다. 이 양식은 널리 알려진 대로 질량mass보다 부피volume 중시, 가벼워지고 대량 생산된 산업 자재 사용, 모든 장식과 색상의 거부, 반복적인 모듈 형태, 평평한 표면의 사용 등을 특징으로 한다.[11]

'국제 양식'이라는 용어는 건축계획에서의 해결책이 지역마다 다른 여건과 무관하다는 뉘앙스를 풍겼다. 해법이 보편적으로 적용돼야 하므로 특정 장소의 기후나 주거문화를 포함한 역사 등에 소홀한 듯한 인상은 줄곧 이 양식의 주된 약점으로 지적됐다. 백색 상자형의 유럽 모더니즘 건축을 의식한 프랭크 로이드 라이트는 1930년에 "인간의 집은 햇볕에 타오르는 상자와 같아서는 안 되며, 거주지를 기계와 너무 보완적으로 만들려고 해 기계를 화나게 해서는 안 된다."라고 말했다.[12] 모더니즘 건축의 문제점을 제기하며 발생한 탈脫 모더니즘post-modernism 건축이 여러 특성 중 하나로 지역성을 강조한 이유기도 하다.

당면한 문제가 너무 크고 심각했기에 르코르뷔지에가 《레스프리 누보》와 그의 확신에 찬 투쟁의 산물이자 경험에서 우러난 사유의 산물인 여러 저서에서 격정적으로 토로한 도전적이고 계몽적인 글들은 자주 오해를 불러왔다. 예를 들어, 그의 저서 《오늘날의 장식예술*L'Art Décoratif d'Aujourd'hui*》은 〈성상학, 성상 숭배자들, 성상 파괴자들〉 장으로 시작하는데, 자신이 스스로 성상 파괴자의 선봉에 서기로 작정한 듯하다. 이 장이 "성상 숭배는 암처럼 강한 전염성으로 번지기 때문에 우리는 성상 파괴자가 돼야 한다."로 끝나 그의 입장은 확고한 것 같다.[13] 앞에서 이야기한 것처럼 중세 이후로 타락했던 가톨릭에 종교적으로 대항하다가 핍박을 받은 성상 파괴자들이었던 조상의 피가 그에게도 흐르고 있기는 했다.

그러나 르코르뷔지에가 과거로부터 얻은 교훈[14]에서 확인할 수 있듯이, 그가 과거를 무조건 부정한 것은 아니다. 과거의 양식을 무비판적으로 마구 섞어 쓰던 당시의 수구적인 프랑스 건축에 대한 그의 날선 비판에도 불구하고 고전과 전통에 대한 그의 호의와 조예는 상당했다. 파르테논 신전이 있는 아크로폴리스에서 자신의 건축 근간이 되는 교훈을 발견한 그는 "역사를 향해 던진 시선만이 우리에게 광채를 되찾게 해준다."라고 말했다.[15] 오리지널에 대한 존중이다. 과거야말로 나의 스승이며 앞으로도 계속 인도자로 남을 거라고 르코르뷔지에가 고백한 저서 《건축대학 학생들과의 대화*Entretien avec les Étudiants des Écoles d'Architecture*, 1943년》에서도 전통의 중요성과 토착성에 대한 깊은 인식이 기술되어 있다.[16] 그는 통제가 어려운 어지러운 시기에 혼돈을 잠재워줄 방법과 뚜렷한 척도를 찾기 위해 우리에게 창조적인 목표를 설정해주고 감성을 키워주며 대지 위에 우리의 창조적인 본능을 표현할 수 있는 방안을 토착성에서 찾을 수 있다고 봤다. 따라서 학교에서는 토착적인 것에 대해 가르쳐야 하며, 이를 위해 앞에서 언급한 것처럼 학생을 로마가 아닌 프랑스 시골 마을로 보내야 한다고 주장했다. 자신이 과거라는 단 한 명의 스승을 모신다고 고백하며 유일한 교육은 과거를 연구하는 것이라고 단언했고[17], 토착적인 것들에 대한 공부가 바로 수업이라고 말한 것[18] 등의 여러 사례는 그가 각각의 기후에 가장 합당하게 발전해온 지역건축을 경시해서 '국제 양식'이라고 명명된 건축을 주창한 것이 아니었음을 증언한다. 1911년에 떠난 동방여행 중에 각 지방의 민속 도자기들이 지닌 아름다움에 흠뻑 빠졌던 르코르뷔지에는 오로지 차별화하겠다는 목적만으로 도안된 공장생산 도자기의 변덕을 지적하며, '새로운 것'을 창조하겠다는 일념 때문에 전통을 깡그리 부정하는 당시의 괴벽을 애통해했다. 창의력을 그릇 이해했다는 것이다.[19] 실제 르코르뷔지에식의 국제 양식은 곧이어 확인하는 바와 같이 나름의 방식으로 지역 문화와 기후 특성에 대응하려는 노력을 게을리하지 않았다.

주거환경 개선의 관점으로 다시 본 '새로운 건축의 다섯 가지 요점'

이제는 르코르뷔지에 건축의 이론과 실행의 결과물로서 그가 1927년에 정리해 발표한 '새로운 건축의 다섯 가지 요점'을 주창하게 된 이면에 당시 건축과 도시계획이 대응하지 못했던 심각한 보건 위생 문제에 대한 대처 의지와 기후의 좋은 점을 최대한 누리려는 친환경적 관점이 내포되어 있음을 확인해보자.

위생과 경제성을 고려한 '필로티'

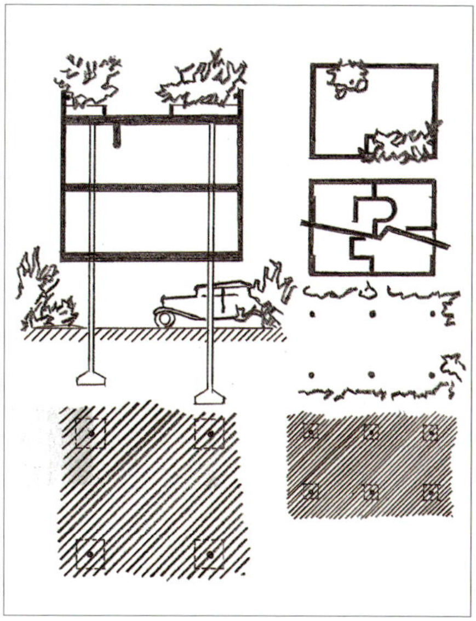

'새로운 건축의 다섯 가지 요점'을 설명하는 드로잉

르코르뷔지에가 앞에서 설명한, 건물 전체나 일부를 지면에서 기둥으로 들어 올려 건물을 땅에서 분리해 조성된 아래 빈 공간 또는 그 기둥 부분을 지칭하는 '필로티'를 발상한 가장 큰 이유는 건물을 땅의 습기와 이격시키고 햇빛을 보기 힘든 거주자의 건강을 보호하려는 위생 문제에 대응하기 위함이었다. 유학 시기에 파리 9구의 오래된 공동주택 1층에 5년간 살았던 필자가 절감했던, 파리를 포함한 유럽의 중정형 전통 주거 저층에서 일사량 부족과 미흡한 환기로 인한 습기가 건강에 끼치는 폐해가 심각했기 때문이다. 그는 필로티를 열주랑, 중정, 아치형 아케이드 등의 사례에서 가능한 한 장애물이 없는 지면을 가지려는 욕구를 지녔던 지난 위대한 시대의 열망을 기둥이 건물의 하중을 담당하게 되는 기술적 수단으로 충족시킨, 커다란 개혁으로 여겼다.[20]

르코르뷔지에는 1929년 아르헨티나에서의 강연 중 이 필로티를 소개하며 경사 대지의 경우 지면을 수평이 되게 하기 위한 옹벽 쌓기에 과다한 비용이 지출되는 것을 막고 기존의 자연 지형을 살릴 수도 있게 하는 이점을 부각했다. 또한 빛과 공기가 건물 아래로 흘러 도로와 건물의

필로티 위에 올라선 사부아 주택

중정 사이, 또는 건물의 전정과 후정 간의 자연통풍을 가능케 하고, 그늘이나 약간 응달에서는 빛의 풍부함을, 정신을 위해서는 뚜렷한 긴장감을 가져오면서 그 아래에서 빛의 유희가 지극히 환상적인 효과를 거두고 있음을 설명했다. 미학적으로는 지면에서 띄어진 백색 입방체 아래에 중력을 느끼게 하는, 수평적인 "건축 밑면의 완전무결한 선"을 제공한다.[21] 기능적으로는 비 오는 날이나 여름의 태양이 정점에 도달할 때 아이들의 놀이 공간이나 각종 작업 장소로도 활용할 수 있었고, 차를 타고 내릴 때 비를 피하는 곳이기도 했다. 건축에서의 필로티 개념은 필로티 위에 얹힌 그의 도시계획 아이디어로 확장되어 '빛나는 도시'의 중추 개념이 됐다.

일광욕을 위한 '옥상테라스'의 정원화로 인한 단열층 형성

1층을 필로티로 띄워 발생한 면적 손실을 평지붕이 된 옥상에서 만회해 일광욕과 조망 장소를 제공하는 '옥상테라스le toit-terrasse'는 맑은 날이 드물어 햇볕만 나면 건강을 위해 일광욕을 해야 하는 지역 상황에 적합한 제안이다. 이제 일광욕장이 된 각자의 집 옥상에서 시시때때로 햇볕을 쬘 수 있어 피곤한 도시거주자가 주말이면 햇볕을 찾아 공원으로 나가야 하는 번거로움을 덜게 됐다.

르코르뷔지에가 레만 호숫가에 부모님을 위해 지은 작은 집une Petite Maison, 1923-1924에 처음 등장한 옥상정원에는 15-20센티미터 두께의 흙이 덮이고 잔디가 심겼는데, 해와 비, 바람과 씨를 옮기는 새들의 도움으로 물망초 등 각종 꽃이 자생했다. 이곳의 밀집한 뿌리는 두꺼운 단열층을 형성해 열과 냉기를 차단했고, 어떠한 유지비도 요구하지 않으면서 실내온도를 안정시켜줬다.[22] 이 집에는 나무가 심긴 자그마한 정원이 있고, 거실과 주침실을 아우르는 길이 11미터의 긴 수평창이 레만 호수를 면한 남측 벽에 있다. 따라서 옥상테라스가 일광욕장으로 기능하지

(상) 르코르뷔지에의 작업에서 처음 옥상정원이 도입된, 그의 부모님을 위한 작은 집의 평지붕
(하) 작은 집의 정원

| 사라바이 주택의 옥상정원

는 않지만, 이때 이후로 그의 작업에서 옥상테라스나 이 개념에 입각해 중간층에 들어선 '들린 정원'은 삶의 중심 가까이에 신선한 공기를 잘 통하게 하고 자연광을 들일 수 있게 했다. 인도의 아마다바드Ahmedabad 같은 열대기후 지역에 계획한 사라바이 주택House Sarabhai, 1956년 완공의 옥상에도 두텁게 흙을 깔고 잔디와 꽃을 심은 정원을 도입하는 등 초기에 일광욕을 염두에 뒀던 옥상테라스가 정원이 되면서 실내에서 쾌적한 일정 온도를 유지하는 데 도움이 됐다. 콘크리트 평지붕 위에서 통상 30센티미터 두께의 윤택한 부식토가 다양한 기후 아래에서 상쾌한 실내환경을 조성한 것이다.

르코르뷔지에가 도입한 옥상테라스와 들린 정원은 그의 건축에서 양날의 검이었다. 평지붕 건물을 찾아보기 어려웠던 당시에는 지금처럼 방수재료의 성능이 완벽하지 않았고 시공기술도 부족해 르코르뷔지에는 여러 번 곤욕을 치렀다. 여기저기서 누수가 일어나 1936년 9월 7일에 사부아 주택의 주인이 르코르뷔지에에게 보낸 불평 편지[23]는 오늘날 그의 적대자들이 가장 자주 거론하는 실패 사례가 됐다. 파리에서 그의 첫 평지붕 작업인 베스뉘 주택과 첫 집합주거단지인 프뤼제 근대집합주거단지Quartier Moderne Frugès, 1924-1926의 몇몇 평지붕 위에는 그 후 경사지붕이 덧씌워졌다. 평지붕이 보편화된 오늘날과 달리 수요가 많지 않고 관련 기술도 낮았던 당시의 저품질 방수 소재, 부실한 방수작업의 그릇된 시공 등으로 인한 하자의 빈번한 발생은 건축가의 통제 능력 밖인 기술

| 평지붕에 경사지붕이 덧씌워진 베스뉘 주택의 현재 모습

적 문제였지만 결국은 극복해야 할 과제였으므로 르코르뷔지에는 잦은 적용을 통한 개선을 기대했다.

당시에 여전히 있었던 하인 계급이나 도시 하층민들이 지붕이 경사진 탓에 층고가 낮고 좁은 꼭대기 층의 고미 다락방에서 여름에는 덥고 겨울에는 춥게 거주하게 해서는 안 된다는 도덕적 이유도 르코르뷔지에의 평지붕 도입 의지를 북돋아 주었다. 그는 당시 파리에 여전히 존재했던, 하인을 부리는 역사가 황혼기에 접어들었음을 확신했다.[24]

더 나은 조망과 풍부한 채광을 위한 '수평창'

건물에서 창은 조망, 채광, 환기를 위해 존재한다. 르코르뷔지에가 구사한

르코르뷔지에가 설계한 슈타인-드몬지 주택 Villa Stein-de Monzie, 1926-1928에서의 수평창

'수평창la fenêtre en longueur'은 전통적인 개별 창으로는 불가능한, 외부로의 파노라마 조망을 가능케 한다. 르코르뷔지에는 이 장점에 대한 자부심이 있었다. 하지만 수평창의 도입에는 더 중요한 이유가 있다. 바로 더 많은 양의 자연광이 실내로 유입된다는 점이다. 르코르뷔지에는 창 면적의 합이 동일한 경우 전통적인 개별 창 형식보다 수평창이 빛을 더 많이 받아들임을 실내에서 같은 밝기의 사진을 찍기 위한 카메라 셔터 속도로 증명했다. 수평창이 있는 방 안에서는 기존 창 형식의 방에 비해 감광판을 1/4만 노출하면 됐다. 이런 사실을 직접 확인한 그는 "인습적 규범이라는 명목 때문에, 실내에 최상의 빛을 들어오게 하고 층별로 모든 구획을 나눌 수 있는 수평창이 지닌 막대한 이점을 포기하겠습니까?"라고 질문할 수 있었다.[25] 건축이 빛 아래에서 태어나며,[26] 건축(더욱 정확히 말하면, 모든 건물)은 빛이 비치는 바닥들planchers éclairés로 이루어진다고 믿으며,[27] 당신의 자녀에게 방이란 빛과 공기가 가득하고 바닥과 벽이 깨끗할 때 살 만한 곳이라는 것을 가르쳐 주라고 권유한[28] 르코르뷔지에에게 수평창은 위생을 고려한 건축에 적합한 창 형식이었다.

내부를 쉽게 비워낼 수 있게 한 '자유로운 평면'과 '자유로운 파사드'

외벽과 내벽 모두 내력벽이었던 전통건축의 고착적 · 단절적 · 폐쇄적 공간의 단점을 극복하기 위해 기둥에게 건물의 하중을 맡기고 내부는 언제라도 이동 가능한 칸막이벽으로 구획할 수 있는 '자유로운 평면le plan libre' 개념은 이후 살펴볼, 건물의 내부를 기능과 연관시키며 이곳저곳을 비워내어 공기가 쉽게 건물을 관통하게 해 뜨거운 태양 아래에 있는 건물 내부를 식히려는 발상을 실현할 수 있게 했다. 외벽이 내력벽의 역할에서 벗어남으로써 원하는 곳에 맘껏 창과 문을 낼 수 있게 된 '자유로운 파사드la façade libre'는 '수평창' 내기와 외피를 면한 내부 볼륨의 자유로운 파내기를 가능케 했다.

실제로 르코르뷔지에는 이 '새로운 건축의 다섯 가지 요점'이 심각한 병을 앓고 있는 당시의 도시에 해결책이 될 도시계획적 방안을 제공할 수 있음을 언명했다. 도시문제의 해결에 뜻을 두고 고심한 것임을 드러

2014년 베니스 비엔날레에서 재현된 '돔이노' 구조체계

낸 것이다.[29] 이러한 '새로운 건축의 다섯 가지 요점'의 바탕에는 르코르뷔지에가 1915년 발표한 '돔이노Dom-ino' 구조체계가 있었다. '돔이노' 구조체계는 제1차 세계대전이 발발해 극심한 파괴가 자행되던 시기에 종전 후 재건 시에 유용할, 가로 6미터, 세로 9미터의 바닥판이 하중을 감당하는 4미터 간격의 여섯 개 기둥(2열로 선 세 개의 기둥)으로 받침으로써 표준화되고 기능들로부터 독립된 저렴한 건물을 빨리 지을 수 있는 골조체계로 제시된 단순한 구조체계다. 이러한 '돔이노' 구조체계가 근대건축의 풍성한 공간성 구가는 물론이고 '자유로운 평면'과 '자유로운 파사드'를 가능케 해 주거환경 개선에 도움을 줄 수 있는 가능성을 예비했다.

인간을 위한 건축과 도시계획

건축에서의 지속가능성과 직접적인 연관성은 크지 않지만, 르코르뷔지에가 왕이나 초인surhomme, 超人이 아닌 보통 인간을 위한 건축과 도시를 고민해온 점을 잠시 생각해보고자 한다. 이 역시 사용자의 주거환경에 유의하는 르코르뷔지에의 직업적 자세와 무관하지 않기 때문이다.

계속 진화하는 표준과 유형의 모색

르코르뷔지에는 "'아무나'라고 할 수 있을 정도로 평범한 사람을 위한 주택을 연구하는 것은 인간적 기반, 인간적 척도, 필요형型, 기능형, 감동형 등을 되찾는 것이다. 그렇다. 그것이 중요하고, 그것이 전부다. 인

| 네노가 최종 당선되어 고전풍으로 건설된 국제연맹청사

간이 허식을 떠났음을 알리는 훌륭한 시대인 것이다!"라는 글을 《건축을 향하여》의 1928년 2차 증보판 서문에 덧붙여 실었다.[30] 국제연맹청사 건립을 위한 국제공모전에 출품해 1등으로 선정된 자신의 근대적 계획안1926-1928이 여전히 과거에 안주해 있던 수구적인 주최측의 농간으로 밀려나고 대신 고전풍의 계획안이 최종 당선된 것에 유감을 표하며 한 말이다. 권력과 재력을 가진 자를 대변하던 이전 건축의 시대가 끝나고 이제는 "원초적 본능으로 자신의 안식처를 마련하고자 하는 모든 사람"[31]을 위한 건축으로 도래한 근대건축이 어떠해야 하는지 알리는 책의 서문이었다.

르코르뷔지에 대신 공모전에 최종 당선자로 결정된 이는 국제연맹청사 계획을 주도한, 로마대상Grand Prix de Rome[32] 수상자로서 소르본대학

르코르뷔지에의 저서 《주택-궁전, 건축적 통일성 연구》의 표지

교 건물을 설계하기도 했던 학술원 회원이자 프랑스 예술가 살롱의 회장으로 본 직업이 조각가였던 네노Henri-Paul Nénot, 1853-1934였다. 그는 당시에 도래한 근대건축을 역사에서 아름다웠던 시대 전체를 부정하며 사회 일반의 의식과 훌륭한 기호를 모독하는 야만으로, 그 건축가들을 야만인으로 거듭 비난했다.[33] 르코르뷔지에는 《건축을 향하여》의 1928년 2차 증보판 서문의 글만으로는 분이 풀리지 않았는지 이듬해에 '300만 거주자를 위한 현대도시 계획안'에 담겼던 포부와 함께 국제연맹청사 계획안에 내재된 건축적 의도, 채광, 음향, 난방, 환기, 구조, 자동차와 보행자 동선 같은 기술적 상세 내용이 담겨 있는 저서 《주택-궁전, 건축적 통일성 연구*Une Maison-un Palais, à la Recherche d'une unité Architecturale*》를 발간했다. 이 책의 표지는 연필로 막 그린, 나무들 밑의 평범한 목조 박공지붕 주택과 잉크로 제대로 그린 국제연맹청사의 부등각투영도axonomérique가 아래위에 그려져 둘 사이가 다를 바 없음을 보여줬다. 궁전을 뜻하는 불어 palais는 '관저, 호화로운 건물, 대저택, 청사'라는 의미도 있는데, 과거에 이런 건물들이 모두 궁전처럼 장식적 고전성

에 매몰되어 있었기 때문일 것이다.

또 다른 저서 《건축대학 학생들과의 대화》에서 르코르뷔지에는 놀랍게도 이 책이 발간된 1943년까지 주택과 관련된 문제가 한 번도 건축 교육 과정에 포함된 적이 없었음을 지적하며, 그만큼 인간이 살아가는 환경에 대해 교육이 관심을 기울이지 않았다는 것에 대해 각성을 촉구했다.[34] 이에 반해 자신은 50년 동안 '인간'과 그의 아내와 자녀를 연구했으며, 집의 아주 조그마한 부분도 황금처럼 귀중하며 잠재적 행복을 표상한다고 말했다.[35] 학교에서 여전히 용도와 무관하게 궁전처럼 생긴 건물을 짓도록 가르치던 당시에 과거 건축이 지녔던 폐단인 허식을 떠나 평범한 사람을 위한 주택 연구를 중시한 르코르뷔지에는 인간의 척도와 기능을 탐구한 결과 '표준standard'과 '유형type' 개념을 들고 나왔다.[36] 그는 인간의 작품 속에 표명되는 질서에의 욕구인 표준을 근거 있는 분석과 실험을 통해 논리가 보증된 확실한 기반 위에서 설정하고자 했다.[37] 실용적이고 합리적인 모든 가능성을 철저하게 규명하고, 최소한의 수단과 일손, 재료, 표현, 형태, 색채, 소리 등으로 최대의 효율을 내며 기능에 적합하다고 인정된 형을 추론했다.[38]

르코르뷔지에는 완전함의 문제에 대처하려면 먼저 표준의 설정을 목표로 삼아야 한다고 여겼다. 지속적인 연구를 통해 끊임없이 개선되며, 당대 기술의 최대치인 표준을 따라 대량 생산되는 자동차처럼, 면밀한 연구의 산물로서 명확하게 규정된 문제에 기초한 표준에 의해 제어되는 건축[39]의 가능성과 성공을 믿었다. 그러면서도 자신이 추구한 표준이 어떤 이상적 결론에 닿아 완전무결한 기준이 탄생할 것이라는 환상에 빠지지는 않았다. 표준이 설정되면 즉각 극심한 경쟁이 일어나기 시작함을[40] 예리하게 포착하고, 이 경쟁이 연구에 박차를 가하게 하며 그 결과 진보를 이룬다고 믿으며 독단의 폐해를 피해갔다. 이렇게 표준을 완결형이 아닌 진행형으로 보는 시각은 그가 평생 연구하는 건축가가 된 배경이었다.

르코르뷔지에가 페리앙Charlotte Perriand과 함께 연구하며 디자인해 1926년 '살롱 도톤'전Salon d'Automne에 출품한 가구들

르코르뷔지에는 인간 수족으로서의 사물이 유형으로서의 요구에 응하는 유형으로서의 사물임을 직시했다. 그래서 유형으로서의 요구를 연구하여 유형으로서의 기능을 파악한 뒤 이것에 의한 유형으로서의 가구를 생산하자고 주장했다.[41] 인간 척도와 인간의 기능을 탐구함으로써 인간적 요구(이 요구가 유형이다)를 정의하여 '장식품으로서의 가구'가 아닌 완벽한 유용성과 편의성을 지닌 '도구로서의 가구'를 주창했다. 이 도구는 우리를 위해 변함없이 봉사하는 하인과 같다. 그에게 집안일을 하는 장치의 한 부분으로서 도구의 유일한 조건은 잘 봉사하는 것이었다.[42]

르코르뷔지에가 평균치를 통해 표준 기능, 표준 필요, 표준 목적, 표준 크기를 구함으로써 인간의 요구인 유형을 정의하여 일정하고 일상적이고 규칙적인 기능에 들어맞는 가구 생산을 주장한 이유가 여기에 있다. 일부의 오해와 같이 그가 자유로워야 할 인간을 통제해 규격화하고 자신이 규정한 특정한 틀에 얽매이게 하려는 오만 때문이 아니었다. 가구를 당시에 편만했던, 사회적 지위나 축재 수준을 과시하는 수단이 아니라 인간의 필요를 채우는 봉사자로 보는 그의 의식[43]은 치수, 동선, 구성,

비례 연구를 통해 표준적이고 정확한 기능들이 성취되고 충족되는 건축으로 연결된다. 물론 그의 이런 시도에 대해 더 이상 동질성을 지니지 못하는 사회에서 집단의 선도에 집중한 나머지 자신의 환경에 대해 자율성을 지닌 살아 있는 유기체인 개인을 상대적으로 경시했다는 지적이 있긴 하다. 그러나 어떤 틀이나 규칙에 얽매이지 않은, 끊임없는 개선을 전제로 한 표준이나 유형 연구에 많은 시간을 기꺼이 바쳐 건축과 도시계획에서의 고질적 문제를 해결하려 했던 그의 선의마저 부정한다면 너무 야박한 평가일 것이다.

뒤랑J.-N.-L. Durand, 1760-1834은 건축가들이 오로지 건축의 기능에만 관심을 쏟아야 한다며 아름다움이라는 건축 판정 기준의 우선권을 포기하고 구조 원리의 논리적 설정을 통해 특별한 구성적 체계를 확립하고 미적 해결을 추구해 근대 합리주의 건축을 탄생시켰다. 그가 《건축강의 개설서*Précis des Leçons d'Architecture*》에서 모듈러 시스템modular system[44]의 단순성을 증명하며 격자 계획들의 가능한 조합으로 개성에 대한 모든 열망을 만족시킬 수 있음을, 표준화와 합리화가 표현의 독창성을 방해하지 않음을 설파한 것이 1802년이었다. 역사적 고전주의를 간소화해 19세기 유럽의 유력한 건축 참고서로 쓰인 이 책은 르코르뷔지에에게 철근콘크리트 구조를 가르쳐준 페레Auguste Perret, 1874-1954와 근대건축의 거장들인 그로피우스, 미스 반데어로에의 건축에도 영향을 미쳤는데, 그 근본정신에 영감을 받은 르코르뷔지에가 작게는 가구에서부터 크게는 도시에까지 보인 실행의 폭은 더 넓었다.

잘 알려지지 않았지만, 르코르뷔지에의 저서 《프레시지옹》에서 잠깐씩 언급되는 것처럼, 그의 여러 작업은 통계 분석에 의한 결과물이었다. 그는 층 전체를 통계국으로 쓰던 당시 파리 시청 최상층이 통계에 관한 어마어마한 자료실로 사용 중임에도 파리에는 통계가 없어 무척 더울 때도 파리 시민들이 파리의 기온을 알 길이 없다고 개탄했다.[45] 현재의 관점으로는 잘 믿기지 않는 당시의 현실에서 그는 스스로 건축과 도시계획에 유용한 통계자료를 직접 만들고자 예산을 신청하며 분투했다. 그가 붙박이 가구를 위한 치수나 사물의 표준을 추구한 것도 모두 통계치에 의해서였고, 그의 후기 작업에 모두 적용됐던 모될로르의 기반이 되는 정신도 그랬다. 그는 건축과 도시계획에 관한 자신의 연구가 실제적인 통계, 재료의 저항, 사회적·경제적 조직의 저항, 부동산의 합리적 가치부여에 따른 현실성 등을 고려하여 정확한 계획을 세우려 한 결과임을 밝혔다.[46] 번뜩이는 아이디어나 감각으로서가 아닌 철저한 통계 분석이라는 '끈질긴 연구recherche patiente'를 통해 건축과 도시를 고심했던 그가 인간 척도를 기반으로 한, 사용자가 쓰기에 가장 편리한 위치에 적절한 크기로 공간성까지 고려한 붙박이 가구를 오랜 기간 연구한 이면에는 이렇게 최대치를 찾는 통계적 의미를 담고 있는 용어인 표준과 유형에 관한 관심이 있었다.

건축과 도시에 인간을 반영한 모될로르

르코르뷔지에의 두 종교건물과 멀지 않은 곳에 있는 그르노블 미술관Musée de Grenoble의 관장 베세Maurice Besset, 1921-2008는 "르코르뷔지에는 인간, 정치, 사회, 심지어 종교를 초월하여 건축을 오직 하나의 기준으로만 생각한다. 그리하여 라투레트 수도원은 롱샹 성당과 마찬가지로 인간 척도의, 인간 규모의 프로그램이었다."라고 말했다.[47] 여기서의 인간 척도l'échelle humaine는 건축과 도시에 인간 척도를 제대로 반영하기 위해 모두가 당연하게 받아들였던 미터와 인치 체계에 근원적인 의문을 품었던 르코르뷔지에가 오랜 기간 탐구한 측정체계를 따라 새롭게 설정됐다.[48] 그의 인생 후반기에 기계적 문명의 표준을 넘어서서 보편적인 인간의 언어로 찾은 것이다.

르코르뷔지에는 누구나 인정했던, 황금비golden ratio[49]라는 고대 이래로 공인된 미적 비율에 공감하면서도 인간이 고려되지 않았음을 유감스럽게 여겼다. 그는 황금비에 인간 척도를 반영하기 위해 '조정선tracés régulateurs'과 황금비의 원리를 바탕으로 한 '비례격자grille des proportions, 1943-1944', 그리고 여기에 인체치수를 넣은 '황금자La règle d'or, 1946' 연구를 거쳐 마침내 두 개의 피보나치 수열을 통해 수학적 속성과 인체 비례의 연관성을 찾아낸 모듈로르를 도출했다.[50] 모듈로르는 불어로 '황금 모듈'을 뜻한다. 인간과 자연과 건축이 소통하는 합리적인 방안을 발견한 것이다. 1943년부터 1955년까지 조화를 추구하는 시스템으로서 연구한 모듈로르는 1950년《모듈로르: 건축과 역학에 보편적으로 적용 가능한 인간 척도의 조화로운 방안에 관한 연구*Le Modulor: Essai sur une Mesure Harmonique à l'Échelle Humaine Applicable Universellement à l'Architecture et à la Mécanique*》라는 제목의 책으로 발간됐는데,[51] 그 제목처럼 수학적 속성과 함께 인체 치수

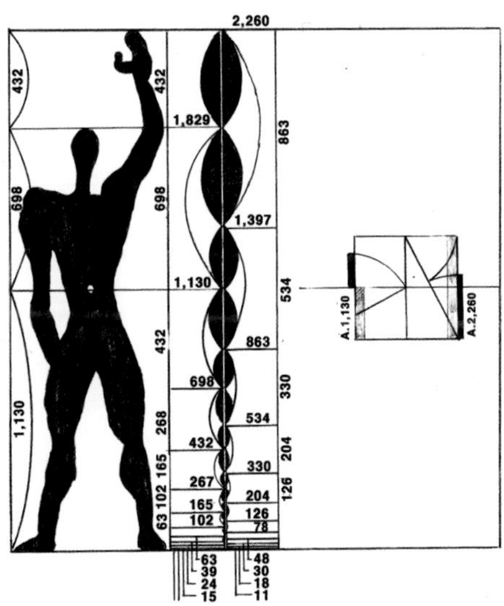

| 르코르뷔지에의 모듈로르 연구

에 근거해 건축이 인간 척도를 반드시 고려하는, 인간의 움직임과 활동을 담는 용기가 되게 하기 위함이었다.

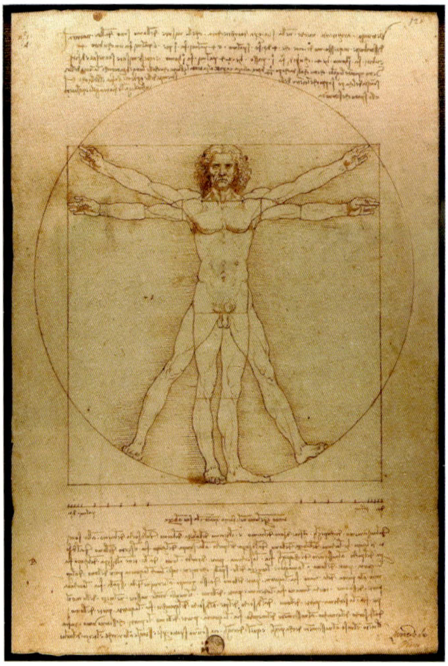

레오나르도 다빈치의 인체비례 도식

르코르뷔지에는 스케일을 영혼의 척도이자 우리가 구사할 수 있는 기술적인 수단과 능력의 척도라고 봤다.[52] 인간의 몸속에 깃들어 생명을 부여하고 마음을 움직이는 무형의 실체인 영혼의 역할을 건축에서는 척도가 한다고 여긴 것이다. 레오나르도 다빈치 Leonardo da Vinci, 1452~1519는 BC 1세기에 활동한, 르네상스와 바로크 및 신고전주의 시대를 통틀어 고전건축에 관한 최고의 권위서로 인정받는《건축술에 대하여 *De Architectura*》를 저술한 비트루비우스 Vitruvius의 인체비례론을 참조해 인체비례 도식[53]을 그려냈다. 이 인체비례 도식이 많은 발명품을 고안해낼 수 있게 한 과학적인 관심에서 인체치수를 연구한 것이라면, 르코르뷔지에는 인간 척도를 인간의 움직임과 활동을 담는 그릇인 건축과 도시에 구체적으로 개입시키고 싶어 인체치수를 연구했다.

모뒬로르의 비례와 조화는 수학적 순수성이라는 수학적 엄밀함과 더불어 르코르뷔지에가 율동 혹은 리듬이라고 부르는 역동성을 보인다.

모듈로르의 본성이 공간적 비례이며 조화를 이루는 데 그 목적이 있음을 논증한 연구[54] 결과가 보여주는 것처럼, 르코르뷔지에는 표피적이고 고착적이며 중심지향적인 고전적 건축이 아닌 역동적으로 확장되는 근대적 공간으로서의 건축을 추구하며 그 공간을 점유해 사용할 인간을 잊지 않았다. 그는

피르미니Firminy의 위니테 다비타시옹 벽에 부조로 새겨진 모듈로르

"모듈로르는 당나귀의 귀를 더 길게 만들어준다."라고 말했다. 당나귀가 소리를 더 잘 들으려면 귀를 더 길게 늘이면 되듯이, 모듈로르가 한계를 가진 인간의 감각을 더욱 확장할 수 있는 도구라는 뜻이다.[55] 인간 척도가 반영되어 건축과 도시에서 지각 주체로서의 몸을 중시하는 모듈로르는 마르세유 위니테 다비타시옹l'Unité d'habitation de Marseille, 1945-1952에서부터 시작해 이 책에서 살펴본 롱샹 성당 및 라투레트 수도원과 이후 돌아볼 인도의 프로젝트들이 모두 포함된, 1940년대 중반 이후의 모든 작업에 적용됐다.

르코르뷔지에 건축에서의 지속가능성 배려

에너지는 소비할 때는 물론이고 생산할 때도 환경 오염을 유발한다. 자연에서 그저 얻는 것 같은 태양광 에너지도 수집, 저장, 변환하고 전기로 공급하기 위해서는 태양전지, 태양열 수집기, 태양 광열 발전 시스템, 충전 컨트롤러, 인버터inverter[56], 배터리 저장 시스템, 감시 및 제어 시스템 같은 여러 장치와 시스템을 제작 · 설치하고 유지관리를 해야 한다. 풍력 에너지도 풍력 터빈, 커다란 날개인 블레이드, 풍력 발전기, 타워, 풍향계 및 풍속계, 제어 시스템 등 여러 기계장치가 필요하다. 어디서든 무엇이든, 공공이나 개인이나 냉난방 공조설비 설치비용의 부담과 운용에서의 지출은 늘 부담스럽다. 에너지 소비 절감을 통한 친환경적 배려는 환경 보호와 비용 감축 모두에서 긍정적 효과를 기대하게 한다.

여러 나라를 답사하며 "모든 나라가 기후에 맞게 집을 짓는다."[57]는 교훈을 얻은 르코르뷔지에는 늘 지역건축에 관심을 두고 세심하게 관찰했다. 전통건축이 가까이서 구할 수 있었던 재료와 당시의 기술로 나름 지역의 기후에 대응하는 모습을 눈여겨본 것이다. 과거의 건축 방식을 유지하는 것만으로는 시대적 요구를 충족할 수 없게 된 20세기 기계의 시대에는 새로운 상황에 걸맞은 재료와 공법을 동원해 기후에 적응해야 했다.

르코르뷔지에는 해가 비침으로써 발생하는 열 효과가 부담스러운 더운 지역에서 환경적 대응을 위해 창문에는 차양을, 옥상에서도 차양 역할을 하는 그늘막 지붕toiture-parasol을 도입하고 실내의 복층화와 볼륨의 덜어냄으로 자연통풍을 일으키고자 했다. 기계설비를 동원한 대책과 무관하게 건축 자체로 할 수 있는 대응에 주목한 것이다.

차양의 도입

환경 보호를 위한 건축의 대응 방식 중 하나로 요즈음 주목받는, 주로 에너지가 밖으로 빠져나가는 것을 최대한 방지하는 수동적 대처법이어서 패시브라고 불리는 방안이 있다. 프랑크푸르트는 가장 더운 7월의 월평균 최고기온이 24°C, 제일 추운 1월의 월평균 최저기온이 −2°C로, 최소한의 냉난방으로 적절한 실내온도를 유지할 수 있는 주택을 말하는 패시브 하우스로 설계해야만 건축을 허가한다. 이렇게 함으로써, 단열과 기밀성을 높이기 위해 단위면적당 15%의 건축비가 더 들지만, 겨울철 난방비는 95% 이상, 여름철 냉방비는 50% 이상 절약할 수 있기를 기대한다. 이 절약 퍼센트의 차이는 아무리 패시브에 신경 써도 내부 열이 빠져나가는 것을 방지하면 되는 겨울철 난방비 아끼기보다 바깥 열이 들어오는 것을 막고 환기까지 유념해야 하는 여름철 냉방비 줄이기가 더 어렵다는 것을 말해준다. 하물며 열대 지역에서는 더욱 그러하다.

르코르뷔지에는 프랑크푸르트보다는 여름에 약간 더 덥고 겨울에 덜 추운 파리(7월과 8월 월평균 최고기온 25°C, 1월과 2월 월평균 최저기온 3°C)에서 주로 활동하며 실내 곳곳에 자연광을 끌어들이고자 했지만, 기후조건이 가혹한 곳에 건물을 계획하게 됐을 때는 다른 해결책을 찾아야 했다. 모스크바의 센트로소유즈 빌딩처럼 경제력이 있는 대국의 수도에 지을 주요 건물로서 재정적 뒷받침을 기대할 수 있는 데서는 효율 높은 기계적 냉난방 공조설비를 설치하고자 했지만, 그가 후기 작품을 다수 남긴 인도 같이 경제력이 열악한 나라에서는 그럴 수 없었다.

역대 최고기온이 44.1°C로 연중 가장 더운 6월의 월평균 최고기온이 39.4°C에 달하는 인도 찬디가르Chandigarh에 주정부 건물들과 15만 명이 살아갈 생활 시설(이후 50만 명을 위한 생활 시설로 확장) 계획을 처음 의뢰받았을 때, 오랜 기간 연구해온 도시계획을 실현해볼 기회임에도 인도의 낮은 경제력과 기술 수준 때문에 르코르뷔지에는 수임을 주저하고 처음에는 거절했다. 열대의 태양이라는 엄청난 장애물을 두고 현대적 건설기술과는 거리가 먼, 아주 저급한 재료와 기술로 서구적 도덕과 미학보다는 인도의 신념과 필요를 충족시켜야 하는 임무가 벅찼기 때문이다. 태양이 지배하는 곳에서 인도인의 새로운 삶의 방식이 만들어져야 하는 극히 어려운 과제였다.[58] 작업을 통한 이윤도 기대할 수 없으면서 열대기후에 맞서 모든 시간과 성심, 지식과 능력을 쏟아부어야 했다.[59]

르코르뷔지에의 거절로 인해 인도 대표단은 근대건축국제회의의 다른 회원인 영국 건축가 드류Jane Drew, 1911-1996를 찾아갔다. 자신이 동조하는 근대건축의 리더인 르코르뷔지에가 이 작업을 사양했다는 것을 듣고 르코르뷔지에가 동참해야 자신도 이 일에 개입할 것이라는 드류의 대답

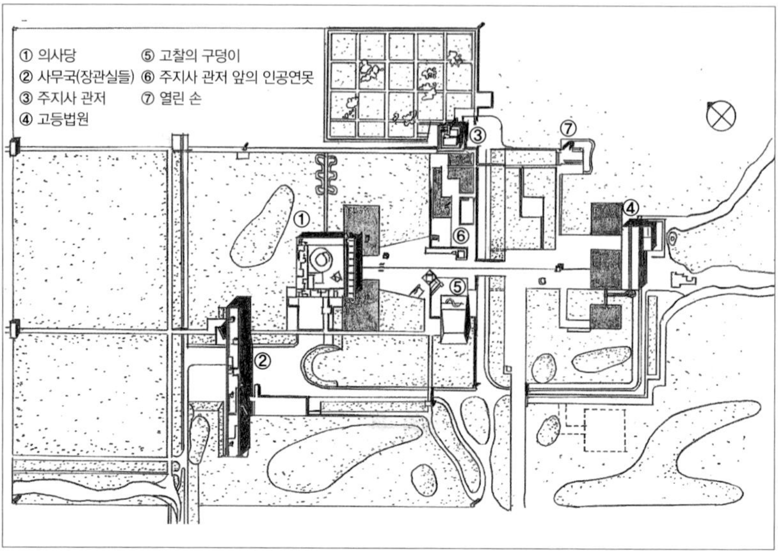

| 인도 펀잡주의 주도 찬디가르의 주정부 건물단지 배치도

을 들은 인도 대표단은 다시 르코르뷔지에를 찾아가 드류와 동역한다는 조건으로 승낙을 받았다. 르코르뷔지에는 돈벌이보다는 무엇인가를 이룬다는 것(생산, 창조, 관리, 조직 등)에만 행복이, 호사롭거나 허영에 찬 것이 아니라 알아야 하고, 보아야 하고, 앞서 알아야 하며, 무엇보다 앞서 알기 힘든 것들을 파악하고 숙고해야 하는 헌신과 경험, 그리고 매일의 삶으로부터 얻어지는 바를 느끼고 알아차리는 일에 행복이 있다고 생각했다.[60] 르코르뷔지에와 함께 인도를 방문한 드류는 "당신은 카피톨(Capitole, 불어로 도시의 행정·정치의 중심이 되는 공공건물을 의미)의 중심부에 당신 철학의 논거를 상징하는, 그것을 통해 당신의 도시 디자인의 원칙에 다다르는 표지판을 설치해야 한다."[61]라며 그를 격려했다.

| 브리즈 솔레이어의 발상

작열하는 태양으로 인해 더위가 기승을 부리는 곳에서 르코르뷔지에가 시도한 친환경적 배려의 출발점은 차양의 도입에서 찾을 수 있다. 차양은 햇볕을 가리기 위해 개구부의 상부벽이나 지붕 끝에 내밀어 만든 지붕을 말한다. 개구부의 상부뿐 아니라 좌우에서도 돌출된 격자형 차양이 현대건축에 흔히 적용되는 데는 르코르뷔지에의 영향이 크다. 그가 자주 사용해 유명해진, 차양을 뜻하는 불어 브리즈 솔레이어brise-soleil는 '햇빛을 부순다, 꺾는다'는 뜻이다. 동쪽에서 떠올라 남쪽을 지나 서쪽으로 지는 태양의 이동로와 동지와 하지, 춘분과 추분의 태양 높이를 염두에 두고 개구부의 상부뿐 아니라 필요하면 좌·우측에서도 돌출해 직사광선의 유입을 차단하는 것이다.

르코르뷔지에의 작업에서 브리즈 솔레이어가 처음 나타난 것은 1933년 알제Algiers의 임대주택 계획안에서였다. 절벽의 경사지에 구상된 이 복층형 주거 계획안에서 태양을 주로 마주하는 남향과 서향 입면에 브리즈 솔레이어가 등장했다. 인간이 빛을 추구하는 것은 당연하다며 온화한 기후를 누리는 곳이라면 집 안 가득 햇빛을 받아들이기에 조금도 주저하지 않았던[62] 그가 처음으로 8월의 월평균 최고기온이 32.3°C에 달하는, 이전까지 주로 활동했던 유럽 대륙과는 사뭇 다른 북아프리카 기후와 맞닥뜨려 저렴한 비용으로 햇볕을 차단할 해법을 내세운 것이다. 3년 후 그가 자신을 따르는 브라질 건축가 코스타Lúcio Costa, 1902-1998와 니메이어Oscar Niemeyer, 1907-2012를 도와 고문 건축가 자격으로 참여해 리우데자네이루에 계획한 국립 교육 및 공공보건성 청사Headquaters for the National Ministry of Education and Public Health, 1936-1943에 두 번째로 브리즈 솔레이어를 적용한 것도 2월의 월평균 최고기온이 31°C나 되는 남반구 리

| (좌) 알제에서의 임대주택 계획안, 르코르뷔지에
(우) 르코르뷔지에가 고문 자격으로 계획에 참여해 리우네자네이루에 건설된 국립 교육 및 공공보건성 청사

우의 기후 때문이었다.

그 후 건물 외벽의 노출콘크리트 표면에 동지와 하지 때의 태양 궤도가 새겨져 있는 마르세유 위니테 다비타시옹에서 발코니 용도를 겸한 격자형 차양은 21세기에 들어서서도 에어컨은커녕 선풍기도 잘 구비하지 않는 마르세유에서 당시 대다수 주민이 견뎌야 하는, 7 · 8월 월평균 최고기온이 29°C에 달하는 더위를 감안한 브리즈 솔레이어였다. 지금도 프랑스인들은 어지간히 더워도 냉방기에 의존하지 않고 버틴다. 아이스 아메리카노를 마시지 않는 그들은 여름의 더위를 당연하게 받아들인다. 2019년 7월 25일 파리의 낮 최고기온이 43°C까지 올라갔다가 이틀 후 최고기온이 23°C로 떨어져 이틀 사이에 20°C의 온도 차이를 겪는

등 이상기온에 시달리는 파리에서 최근까지도 중급 이상의 호텔 방이나 레스토랑에 에어컨이 없는 경우가 많았다. 선풍기조차 없는 곳도 흔했는데, 주민들은 모기가 없는 파리 도심에서 창문을 열고 잘 견뎌왔다.

| (상) 마르세유 위니테 다비타시옹에서 브리즈 솔레이어 역할을 하는 발코니
(하) 라투레트 수도원에서 수도사들의 방이 있는 최상부 두 층에서 브리즈 솔레이어 역할을 하는 발코니

이렇게 발코니가 브리즈 솔레이어의 역할을 겸하는 것은 7·8월의 월평균 최고기온이 27°C인 라투레트 수도원에서 수도사들이 거처하는 방의 발코니도 마찬가지다. 스위스 건축가 뤼에그Arthur Rüegg, 1942-는 마르세유 위니테 다비타시옹의 발코니와 함께 라투레트 수도원에서 수도사들이 머무는 방마다 있는 발코니가 방과 주변 사이에서 필터 기능을 하며 일종의 브리즈 솔레이어로서 태양으로부터 방을 보호하고 있음을 확인했다.[63]

마르세유 위니테 다비타시옹의 공사가 진행되는 동안 르코르뷔지에는 아르헨티나 부에노스아이레스주의 주도인 라플라타La Plata에서 중정을 사이에 두고 집주인 의사의 진료공간과 생활공간이 떨어져 있는 쿠루체트 주택Maison Curutchet, 1949-1950에서도 덥고 습기가 많은 여름인 1월의 월평균 최고기온이 29°C인 것을 감안해 대로를 면한 진료공간의 파

| 르코르뷔지에가 라플라타에 계획한 쿠루체트 주택

사드에 한 층에 두 개씩의 수평부가 있는 브리즈 솔레이어를 그 위도에서의 태양 각도와 방향에 따라 설치했다. 이곳의 3층 브리즈 솔레이어는 옥상난간 역할도 한다.

국제연합UN 본부1947-1952는 1947년 1월부터 4월까지 사실상 르코르뷔지에의 주도로 작성되어 "이론의 여지가 없는 위엄, 아름다움과 효율성"을 인정받은 기본 계획안에 의거해 지어졌음에도 미국 건축가 해리슨Wallace Harrison, 1895-1981이 대표 건축가로 공표된 건물이다.[64] 르코르뷔지에는 나폴리와 동일한 위도에 있는 뉴욕이 8월의 월평균 최고기온이 28.9°C로 높은 습도와 함께 매우 무더움에도 UN 본부 건물이 '태양 제어 장치contrôle du soleil'를 제대로 고려하지 않아 전면 유리 커튼월로 강한 태양 광선을 그대로 받아들임을 개탄했다.[65] 엄청나게 비싸면서도 열기를 만족스럽게 잡지 못하고 있는 냉각시설에 의존하는 이 건물이 자신

| 르코르뷔지에의 기본 계획에 의거해 건립된 UN 본부

의 계획안을 정확히 따랐다면 피할 수 있었을, 태양이 거주자의 적이 되어 버린 상황에 난감해했다.

르코르뷔지에의 건축 작업이 미국에 전혀 없는 것을 우려한, 스페인 건축가이자 도시계획가로 1953년에 하버드대학교 디자인 대학원 학장이 된 세르트José Luis Sert, 1902-1983는 르코르뷔지에에게 하버드대학교의 시각예술센터Visual Art Center, 1961-1964 설계를 의뢰해 받은 도면으로 직접 공사를 지휘했다. 1929년에 르코르뷔지에로부터 초청을 받아 그의 사무실에서 무보수로 일하기도 했던 세르트는 르코르뷔지에가 창립을 주도한 근대건축국제회의의 의장직을 1947년부터 1956년까지 수행하며 르코르뷔지에의 작품을 꼭 미국에 남기고 싶었다. 르코르뷔지에는 북미대륙에 건립된 유일한 작품인 이 시각예술센터에서도 강당과 전시실, 센터장실과 사무실에 브리즈 솔레이어를 도입하여 4계절 내내 태양 광선을 조절하며 깊은 그림자를 드리우는 조형 요소로 작동하게 했다. 인도 프로젝트들을 위해 계획한 브리즈 솔레이어가 미국의 메사추세츠주 케임브리지에서도 기능적으로, 조형적으로 활용될 수 있음을 보인 것이다.

(상) 하버드대학교의 시각예술센터
(하) 르코르뷔지에의 주 브라질 프랑스 대사관 계획안 모형 그림

르코르뷔지에의 갑작스러운 사망으로 중단된, 브라질리아의 프랑스 대사관 계획안1964-1965에서도 대사관 건물과 대사 관저이자 직원 숙소 둘 다에 차양이 도입됐다. 해발 1,100미터 높이에 있는 도시임에도 연중 월별 최저 평균기온이 28°C, 월평균 최고기온이 30°C로 1년 내내 더운 브라질리아에서, 이미 인도의 건물들을 충분히 겪은 르코르뷔지에에게 햇볕을 차단하면서 깊이감 있는 입면을 가능케 하는 브리즈 솔레이어의 도입은 필연적이었다.

처음에 잘 설치하면 더 이상의 운용비를 요구하지 않는 브리즈 솔레이어는 가성비 측면에서 바람직하면서 건물의 입면에서 깊은 그림자를 드리우는 조형적 요소가 된다. 인도에서의 작업이 진행되던 1950년대에 르코르뷔지에의 위니테 다비타시옹이 약간의 변형과 함께 프랑스의 네 도시(Rezé-Nante, Meaux, Briey-en-Forêt & Firminy-Vert)와 베를린 서부구역으로 부유한 이들이 사는 샤를로텐부르크Berlin-Charlottenburg에 한 동씩 더 지어지면서 차양은 계속 나타났다. 마르세유 같은 기온에서의 불리함은 없지만 아파트에 필요한 발코니라는 실제적인 용도를 지닌 채 입면에 운율을 제공하는 디자인적 요소로 계속 활용된 것이다. 발코니의 측면에는 위니테 다비타시옹이 그가 주창한 '빛나는 도시'의 주된 주거형식이라는 것을 알려주듯 기본 4색인 녹·적·청·황색이 자연광을 반사하며 반짝인다. 생디에Saint-Dié에 지어진 클로드와 뒤발 공장usine Claude et Duval, 1946-1950에도 차양이 나타났는데, 복층형의 넓고 높은 작업장 전면이 유리창인 이곳의 주입면을 분할하며 격자형의 그림자를 드리운다.

(상) 베를린 위니테 다비타시옹, 르코르뷔지에
(하) 클로드와 뒤발 공장, 생디에, 르코르뷔지에

찬디가르 카피톨에서의 차양

1950년에 시작된 르코르뷔지에와 인도의 인연은 그가 일찍이 경험하지 못했던 기후적 불리함을 극복해야 하는 과제를 가져다줬다. 그가 다수의 건물을 계획해야 했던 찬디가르나 역대 최고기온이 44.4°C로 5월의 월평균 최고기온이 42˚C에 달하는 아마다바드의 열기를 식혀줄 대용량의 공조설비를 설치하고 운용할 수 없는 여건에서 일하고 살아가는 환경을 조성해야 했다. 1902년 7월 17일 뉴욕 브루클린의 한 인쇄소에서 젊은 기사가 환풍구와 난방장치를 뜯어고쳐 온도와 습도를 떨어뜨린 것을 효시로 현대식 에어컨이 출발해 미국에서는 1920년대에 이미 백화점과 극장에, 제2차 세계대전 후에는 개인 주택에까지 에어컨이 널리 보급되었다. 하지만 1947년 영국에서 독립한 지 3년밖에 안 된 1950년의 인도에서는 언감생심이었다.

르코르뷔지에는 찬디가르의 과업 수락 이듬해인 1951년 초부터 제일 먼저 "수직 지지대, 차양, 그늘막 지붕, 공기의 유통"을 연구했음을 밝혔다.[66] 또한 인도인들이 여름밤이면 3~5킬로그램 무게의 침대를 집 앞의 초지나 지붕 위로 옮기는 것에도 주목했다. 지역 기후를 감안한 전통주택에서도 인도의 여름밤 열기로 집 안에서 숙면이 어려웠던 것이

찬디가르의 사무국 외관, 르코르뷔지에

다. 활동시간인 낮에는 태양의 위세를 막아주는 그늘 확보가 첫 번째 과제로 대두됐다.[67]

1951년 6월에 작성된 카피톨을 위한 초기안에 따르면 주정부 청사인 사무국Le Secrétariat, 1952-1956은 앞에서 언급한, 알제에 시도됐으나 건설되지 못했던 고층건물 계획안이나 리우데자네이루에 세워진 국립 교육 및 공공보건성 청사처럼 전면에 차양이 달린 수직적인 고층 건물이었다. 이때 남겨진, 다른 건물들을 위해 그려진 스케치들도 태양의 열기를 차단하고 비를 막는 데 치중하고 있다. 태양과 비가 인도의 건축에서 두 가지 지배 요인이라고 보고 우산도 양산도 될 수 있는 것을 고려해야 한다고 여기면서 차양과 별도 지붕의 도입을 탐구했다.[68]

이 사무국은 길이 254미터, 높이 42미터인 8층의 수평적인 건물로 변경됐다. 여기서 면밀하게 계획된 깊은 브리즈 솔레이어는 찬디가르의 뜨거운 태양을 막아 내부 온도를 낮추고 자외선을 효과적으로 차단함으로써 사용자와 내부 공간을 보호해 피부 건강을 유지케 하고 내부 소품이나 가구 등이 태양광에 노출되어 손상되는 것도 방지했다. 또한 전체 파사드를 덮으면서 고전

| 찬디가르의 사무국 차양

적인 외관을 대신하는, 날씨와 연관된 의장 요소가 됐다. '드넓은 대지에 흩어져 있는 커다란 주정부 건물들에 어떻게 효율적으로 시각적인 응집력을 줄 수 있을까?'라는 어려운 과제를 푸는 해법이기도 했다. 르 코르뷔지에는 태양의 방향과 자주 부는 바람 방향을 토대로 이 건물들의 방향과 모습과 상황을 결정했다. 특히 단면구성에서 태양에 맞서기 위해 건물 양편의 두 긴 입면 전체에 차양이 설치되고 고온에 맞서 자연적 환기를 중시했다. 겨울의 태양은 받아들이고 여름의 태양은 차단하며, 아침 온도 차에 의한 통풍을 의도했다. 이 모든 것은 모뒬로르를 활용한 치밀한 조율에 따라 인간 척도가 적용되어 차양의 높이와 너비도 모뒬로르에서 표준 인간이 손을 든 치수인 226센티미터로 정해졌다. 중심부에 위치한 총독실과 장관실들의 차양은 사용자의 직급에 따라 크기와 모양에 변화를 줘 입면의 변화를 꾀했다.

찬디가르 고등법원Le Palais de Justice, 1952-1956에서도 깊이 1.4미터인 브

| 찬디가르의 고등법원 정면

리즈 솔레이어가 직사광선으로부터 건물을 보호한다. 주입구 포치의 커다란 벽식 기둥 세 개는 바람 통로이자 개방된 로비 내부에 지붕과 함께 그림자를 드리운다. 철근콘크리트의 미학적 가능성에 대한 최고의 긍정적인 표명이라 일컬어지는 이 고등법원은 단면 전체가 법정과 사무실들을 태양의 직사로부터 보호하는 데 유의하며 모뒬로르에 의해 크기와 비례가 조절됐다.

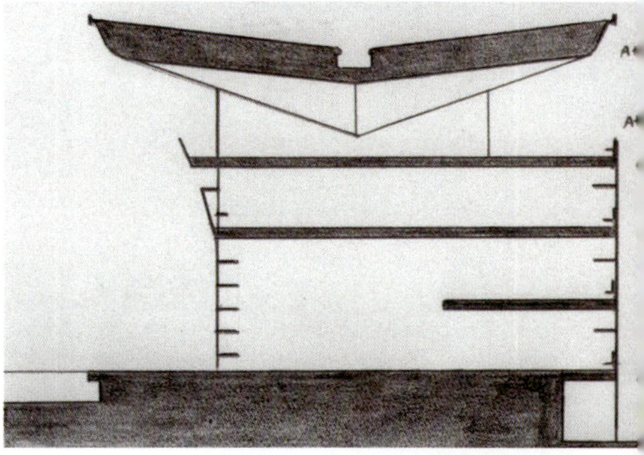

| (상) 찬디가르 고등법원의 횡단면도
(하) 찬디가르 고등법원의 외관

이 고등법원의 주정면은 카피톨로의 진입부를 향하고 사무국 및 의사당Le Palais de l'Assemblée, 1952-1962과 마주 보고 있기 위해 북서쪽을 향해 있다. 이 북서향 정면에서 오후의 뜨거운 햇살에 대응하기 위해 돌출된 지붕이 큰 차양이 되고 그 아래 옥상층 바닥과 최상층인 4층에도 돌출된 수평 차양이 있다. 여름철 태양 고도에 맞춘 돌출이다. 고등법원의 뒷면인 남동측 입면 전체에도 차양이 설치되어 있는데, 이곳의 지붕선은 본체의 입면 끝 선에 맞춰져 북서양 입면에서 지붕 선이 돌출된 것과는 다르다. 정면에서 지붕과 양쪽 단부의 벽을 돌출시켜 길이 대 높이 비율이 5:1인 파사드를 ⊓형의 프레임으로 감싸면서 깊은 그림자를 드리우며 조형성을 드러내려는 의도가 엿보인다. 아울러 선선한 밤에서

| (상) 찬디가르 주의회 의사당
(중) 춘분과 추분의 태양을 쌍곡면의 내벽에 반사하도록 세심하게 고안된, 찬디가르 주의회 의사당 지붕 위로 돌출된 대회의실 지붕
(하) 찬디가르 주의회 의사당의 홀인 포럼 공간

이어지는 오전보다 여름이면 늦은 시간까지 환하며 기승을 부리는 오후의 열기를 르코르뷔지에가 더 신경 썼음을 보여준다. 고등법원 앞의 세 인공연못도 주변의 온도를 낮추는 데 기여한다.

카피톨의 또 다른 주정부 건물인 의사당의 남동쪽 정면도 8개의 큰 벽식 기둥이 떠받치는 지붕과 함께 깊은 그림자를 드리운다. 남서향과 북서향의 입면에도 태양의 방향을 고려한 각도로 브리즈 솔레이어가 설치되어 원형 평면의 대회의실과 그 주변의 포럼을 둘러싸고 있는 사무공간을 햇볕으로부터 보호하고 있다. 포티크 portique[69]와 사무공간들로 싸인 대회의실의 지붕은 여름의 해는 반사하고 겨울의 해는 받아들이며, 춘분과 추분의 태양을 쌍곡면의 내벽에 반사하도록 세심하게 고안됐다.[70] 대화와 교섭의 중심 장소로서 전층 높이인 포럼 공간이 둘러싼 포티크와 사무공간과 닿는 가장자리의 최상부는 서로 띄어진 채 긴 수평창이 있어 포럼 공간의 내부 온도가 높아지거나 환기가 필요할 때 이 창을 개방하게 된다. 이 모든 것을 르코르뷔지에가 고충을 토로했던 것처럼 "너무나 적은 예산des crédits extraordinairement minces"으로 해내야 했다.[71] 가뜩이나 부족한 공사비에서 햇볕을 차단하기 위한 구조물들을 추가하기가 부담스러웠지만, 입주자에게 쾌적한 환경을 최소한의 운용 경비로 제공하기 위해 처음부터 영구적인, 건축적 대처를 해야 했다. 의사당 앞 두 개의 인공연못도 주변을 식히기 위함이다.

그림자 탑, 르코르뷔지에, 찬디가르

르코르뷔지에의 설계사무실에서 구상된 지 30년이 지난 1985년에야 건설된 그림자 탑Tower of Shadows은 그가 그림자를 이용해 태양의 경로를 추적하며 태양의 운동을 연구하기 위해 지은 찬디가르의 상징적인 구조물이다. 이 탑에 관한 연구는 찬디가르에서 임박했던 브리즈 솔레이어를 구성하는 데 기여한 크세나키스에 의해 1952년에 시작되었다. 탑에 관한 구체적 연구는 1956년 초부터 진행되었고 1957년에는 인도 사람으로 파리에서 4년간 르코르뷔지에 사무실에서 근무하며 인도 프로젝트를 함께했던 탈라티Arvand Talati가 연구를 이어받아 100장이 넘는 도면이 남아 있다.[72]

100에이크(약 40만 제곱미터)의 넓은 카피톨 부지에서 의사당 앞에 지어져 햇빛을 피하며 쉴 수 있는 장소가 된 그림자 탑은 수직 및 수평 차양판으로 태양을 차단해 건물 내의 온도를 낮추는 브리즈 솔레이어의 역할을 드러낸다. 햇살이 들어오지 않는 북측만 차양판이 없이 틔어 있는 이곳에서 남향의 수직 차양판은 직각으로, 동향과 서향의 수직 차양판은 45° 각도로 설치됐다. 깊이와 간격도 다른데, 아래로 내려올수록 깊이와 간격이 커져 사람이 머무는 지면에서의 시야를 트고 바람이 지나가는 데 유리하다. 수평 차양은 동쪽은 한 겹, 서쪽은 두 겹이다. 르코르뷔지에는 그림자 탑에 대해 "매우 개방된 홀, 매우 높고 그늘진 … 태양은 건물의 네 가지 기본 지점에서 모두 제어될 수 있으며, 심지어 더운 나라에서 온도를 낮추기 위해 조작될 수도 있습니다."[73]라고 말했다. 하루 중 어느 시간에도, 1년 중 어느 계절에도 단 한 줄기의 햇빛도 통과하지 않는 그림자 탑에 대한 르코르뷔지에의 이 같은 언급은 그가 카피톨에서 대대적으로 활용한 브리즈 솔레이어의 햇볕 차단 효용성을 확고히 믿고 있음을 보여준다.

카피톨 이외 인도에서의 차양

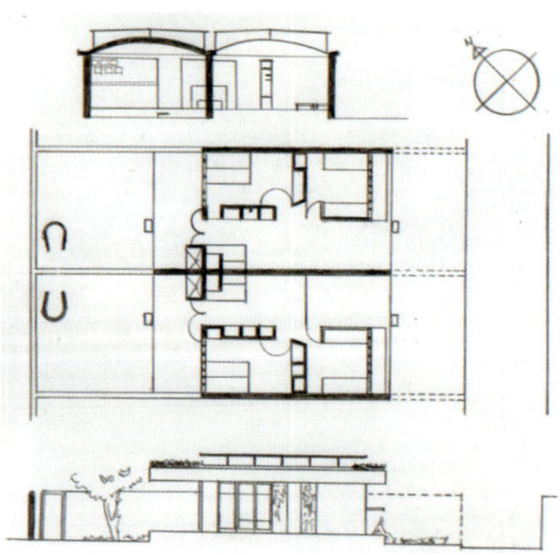

'농사꾼의 집'의 단면과 평면, 르코르뷔지에, 찬디가르

르코르뷔지에는 찬디가르 주정부 건물들을 계획하면서 동시에 찬디가르와 아마다바드를 중심으로 수행했던 여러 다른 건물들의 설계에서도 브리즈 솔레이어를 적용했다. 찬디가르에 저가 주택 단지의 일환으로 구상된 농사꾼의 집 Maison du Péon,

1951-1952 계획안은 낮은 가격의 소규모 단층주택에서도 햇빛으로부터 거주자를 보호하고 공기를 관통시키려는 목표하에 마련됐다.

이 주택 단지에서는 한 세대에 집과 정원 및 도로의 일부가 포함된 110제곱미터의 대지가 할당됐다. 태양, 공간, 녹지를 주제로 위가 덮인 부분, 열렸지만 그늘진 부분, 그리고 외부 도로를 면해 완전히 외부로 열린 부분으로 나뉜다. 전정과 후정을 면한 방들의 외벽은 모두 구멍이 뚫린 격자로 되어 있다. 후정 쪽은 깊은 처마가 직사광선을 다 가리고 전정 쪽의 처마가 깊지 않은 곳은 방 높이의 중간 높이에 위치한 차양이 직사광선을 가린다. 집 안으로 들어오는 햇빛은 차단하면서 원활한 통풍을 기대한 것이다.

노출콘크리트로 건설된 카피톨의 공공건물들과 차이를 두기 위해 불그스름한 갈색 벽돌로 지어진 주립 찬디가르 예술대학Government College of Art Chandigarh, 1965년 완공도 남측에는 촘촘한 간격의 차양이 햇빛을 가리

주립 찬디가르 예술대학 외관

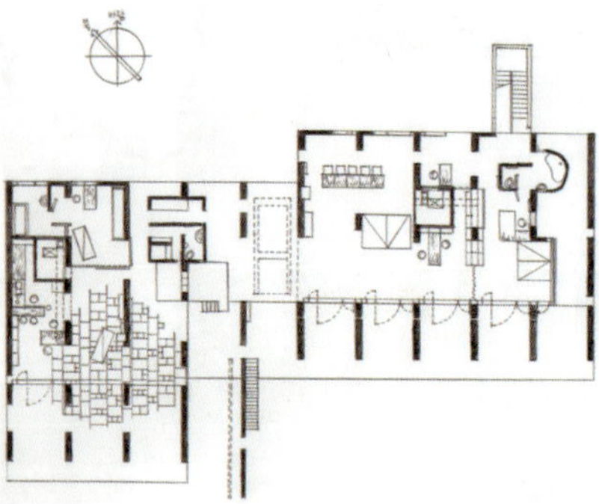

| (상) 제사협회건물, 르코르뷔지에, 아마다바드
(중) 사라바이 주택의 평면도
(하) 쇼단 주택 외관

고 있다. 자연광이 필요한 스튜디오들의 지붕은 정북향으로 치켜 올라가 열 유입의 단점을 최소화하고 빛 유입을 위한 장점은 최대화했다. 정북향의 빛은 직사광선이 없고 종일 변화가 가장 적어 뮤지엄의 전시공간에 가장 적합한 빛이다.

아마다바드에서 실을 만드는 제조업자들의 모임을 위한 제사협회건물Palais de l'Association des Filateurs, 1951-1954과 앞서 옥상정원에서 언급된 사라바이 주택, 쇼단 주택Villa Shodhan, 1951-1956 등에서도 브리즈 솔레이어는 입면에서 태양을 차단하면서 핵심적인 입면 디자인 구성 요소가 됐다. 이 차양들도 모두 아마다바드의 위도에서 태양의 위치를 감안한 결과물이다.

르코르뷔지에는 제사협회건물에서 동쪽과 서쪽의 차양이 위도와 태양의 경로를 따라 정확하게 제안된 반면에 남쪽과 북쪽 면은 거의 닫혀 있음을 설명했다.[74]

사라바이 주택에서도 열대기후와 두 달 동안의 장마를 감안하며 공기의 흐름을 살리고 그늘을 만들어 시원함을 제공하는 것이 주택에서의 안락함을 확보해준다면서 차양을 도입했다.[75] 쇼단 주택에서는 주택의 중심 공간으로서 복층형으로 셋 다 천장이 높은 거실과 식당, 메인 침실이 전망이 좋은 남서측에 배치되며 위도와 태양의 경로를 감안한 깊은 차양이 설치됐다. 층의 바닥 슬래브 높이마다 있는 수평 차양과 거실 및 식당이라는 공적 공간에는 간격이 넓게, 침실 같은 사적 공간에서는 간격이 상대적으로 좁게 설치된 수직 차양이 두 층 높이의 전창全窓에 직사광선이 유입되는 것을 막는다.

그늘막 지붕의 도입

폭염에 양산을 쓰면 그 아래 온도를 7°C 낮추며, 체감온도는 10°C 내려간다. 대부분의 자외선도 차단해준다. 열 스트레스와 연관된 건강 문제를 줄이고 편안한 환경을 유지하는 데 도움이 된다. 르코르뷔지에의 작업에서 그늘막 지붕은 건물 옥상 슬래브 위에 태양을 막아선 별도의 지붕이 있는 경우를 말한다. 건설 시 얼마간의 추가 투자를 통해 뜨거운 일사를 차단하면서 건물이나 구조물의 내부 온도를 낮추기 위함이다. 이는 여름철에 냉방 비용을 줄이고 내부 공간을 더 쾌적하게 만든다. 접근 가능한 옥상에서는 그늘진 장소를 제공할 수도 있다. 햇볕이 유달리 뜨거운 곳에서 냉방설비 부담금과 건물 수명이 다할 때까지의 가동비를 절약하고, 냉방 시스템의 에너지 소비를 감소시킬 수 있다. 건물이나 구조물에 시각적 효과를 부여할 수도 있다.

광장에 거대 그늘막을 도입해 새로운 볼거리와 함께 관광객에게 큰 그늘을 제공한 것은 첫 이름이 메트로폴 파라솔Metropol parasol이었던, 스페인 세비야의 구시가지에 있는 라 엔카르나시온 광장Plaza de la Encarnación에 세워진 '세비야의 버섯Setas de Sevilla, Jürgen Mayer, 2005-2011'이다. 스페인의 프라이팬이라고도 불리는, 평균 26미터 높이에 길이 150미터, 폭 70미터인 이 세계 최대 목조 구조물은 버섯 모양인 여섯 개의 거대 파라솔로 구성되어 시장, 쇼핑 아케이드, 레스토랑들과 고고학박물관이 있는 시내 중심의 넓은 공터를 덮으면서 그 상부의 산책로에서 여러 뷰포인트를 제공한다. 1995년 7월 23일에 스페인의 역대 최고온도인 46.6°C를 기록한 관광 도시 세비야에 조형적으로 활기를 부여하면서 그 아래 그늘로 들어선 관광객들에게 쉼의 장소를 제공한다. 여름이면 습도가 50% 이하인 곳에서 따가운 햇볕을 차단한 그늘의 효과는 상당하다. 어

| 라 엔카르나시온 광장에 세워진 '세비야의 버섯'

지간히 비가 와도 우산을 쓰지 않으며 양산 개념은 더욱이 없는 서구인들에게 이 도시적 스케일의 그늘막이 주는 위안은 기대 이상이다.

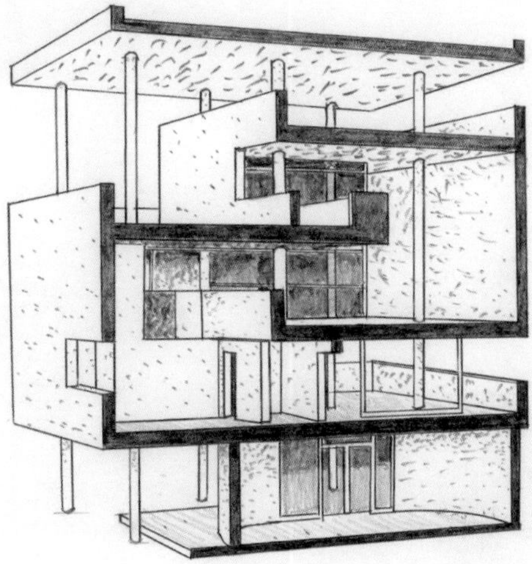

| 베조 주택 초기안 모형 그림

르코르뷔지에의 작업에서 그늘막 지붕이 처음 등장한 것은 뒤에 다시 이야기할 베조 주택Villa Baizeau, 1928-1929의 초기안에서였지만, 부분적이나마 실제 실현된 사례는 앞서 차양 설치 사례로 언급된 크루체트 박사 주택에서였다. 1월이 덥고 습한 아르헨티나 라플라타에서 대로를 면한 진료공간 전면에 펼쳐진 공원의 푸르름을 향한 조망을 확보하면서 하늘과 빛, 태양과 그림자의 행복을 확실하게 맛보게 하고자 마련된 옥상정원을 위함이었다.[76]

르코르뷔지에의 그늘막 지붕은 대부분 인도 프로젝트에서 등장한다. 앞에서 언급한 것처럼 그는 찬디가르의 과업을 위해 처음 인도를 방문했을 때 태양과 함께 짧은 시간에 집중적으로 쏟아지는 비를 인도 건축에서의 두 가지 지배 요인으로 보고, 우산도 되고 양산도 될 수 있는 것을 떠올렸다. 카피톨의 고등법원 건물 전체를 덮고 있는 거대한 그늘막 지붕은 사무실과 법정을 태양의 직사에서 지키도록 고안됐다. 앞서 제시된 단면도에서처럼 건물 전체를 덮는 지붕의 넓게 벌어진 V형 단면은 찬디가르의 기후적 특징인, 일시에 쏟아지는 폭우를 가운데로 모아 배수를 쉽게 한다. 찬디가르 의사당의 남동향 정면에서 거대한 벽기둥들에 의해 받쳐지는 그늘막 지붕은 그 아래가 비어 두 겹의 지붕은 아니지만, 정면에 깊은 그림자를 드리우면서 넓은 의사당 홀로의 진입을 돕는다. 넓게 벌어진 이곳 U자형 단면의 그늘막 지붕도 비가 오면 우수를 모아 옆에 있는 인공연못으로 떨어뜨린다.

르코르뷔지에는 찬디가르 카피톨의 세 주요 건물 가운데 공무원들이 행정 서비스를 하는 사무국에서는 그늘막 지붕이 없이 단열에 도움이 되고자 옥상층 바닥 두께를 다른 층의 바닥보다 더 두껍게 했다. 옥상 일부에만 화단을 두는 것으로 만족하고 의사당과 고등법원 두 건물에만 위엄 있는 형상의 그늘막 지붕을 둔 것은 강한 햇볕을 막는 실제적 용도와 함께 법을 만드는 입법부와 그 법을 집행하는 사법부의 엄정함과 위용을 드러내는 상징성의 표출로도 지붕을 활용한 의도가 읽힌다. 그늘막 지붕의 존재로 얻을 수 있는 시각적 효과를 활용한 것이다. 지어지지는 않았지만, 의사당과 고등법원 사이에서 동북쪽으로 삼각형

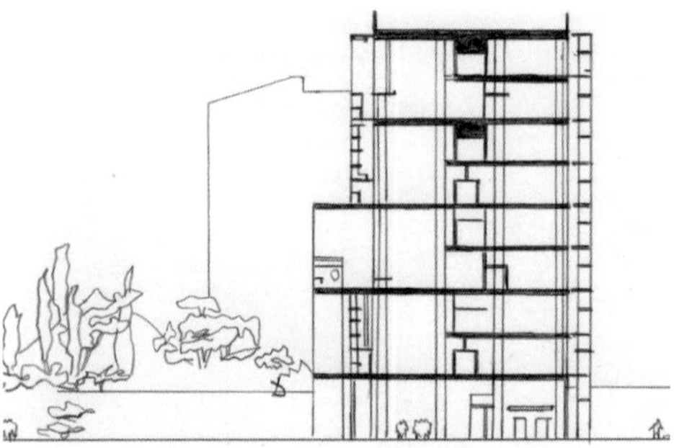

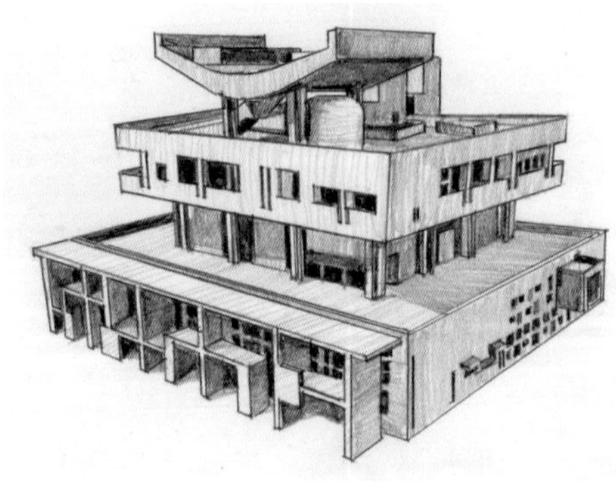

(상) 옥상의 바닥 두께가 아래의 다른 층 바닥들보다 더 두꺼움을 보여주는 찬디가르 사무국의 횡단면도
(하) 찬디가르 주지사 관저 모형 그림

을 이루는 지점에 계획됐던 주지사 관저le Palais du Gouverneur에도 크지 않아 그늘막 효과가 충분하지 않았을 완만한 V자형 단면의 그늘막 지붕이 옥상에 올라서 있는 것이 이런 해석이 가능함을 확인시켜 준다.

인도에서 위엄을 드러내지 않아도 될 다른 건물들에서의 그늘막 지붕은 이 세 개의 주정부 건물과 달리 대부분 편평한 일자형 단면이다. 이런 그늘막 지붕이 없는 사무국에서는 사무실을 감싸는 '파동형' 유리판을 인도의 햇볕으로부터 보호하는 브리즈 솔레이어의 리듬감 있는 교향곡이 1945년부터 르코르뷔지에가 마르세유 위니테 다비타시옹의 발코니에서 보여준 조형적 세계처럼 입면이 구획되고 구성되는 일종의 이미지 벽이 되게 했다.

아마다바드 시립미술관Ahmedabad Museum of the City, 1951-1958은 지붕 슬래브와 그 밑에 있는 전시공간 사이에 단열층을 마련한 사례다. 별도의 그늘막 지붕이 없음에도 이 제안에 주목하는 이유는 아마다바드 시립미술관이 르코르뷔지에가 1929년에 처음 제안한 이후 생의 마지막까

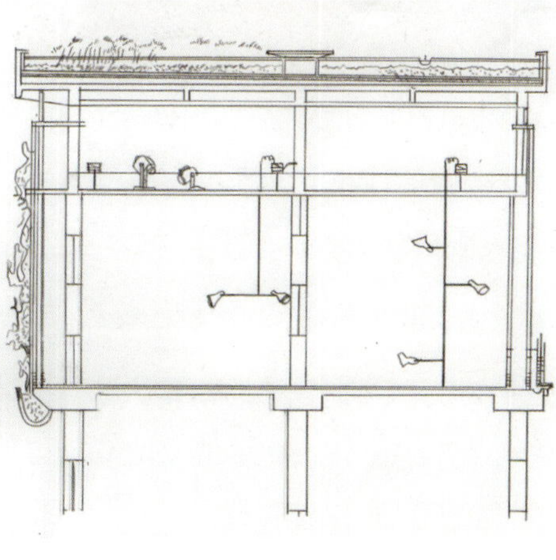

(상) 아마다바드 시립미술관 외관
(하) 천창의 부재와 단열층의 존재를 보여주는 아마다바드 미술관의 부분 단면도

무한성장박물관의 원 개념에 따라 자연광이 유입되는 도쿄 국립서양미술관의 전시공간

지 연구했던 '무한성장박물관Musée à Croissance Illimitée' 개념에 따라 실현된 일련의 뮤지엄 가운데 하나기 때문이다.[77] 이 개념에서 전시공간으로 자연광을 유입시키는 천창을 지닌 단면을 가진 단위전시공간이 중요했다. 이 단위전시공간이 필요에 따라 나선형으로 증축되는 개념이기 때문이다. 빛과 공간의 건축가인 그에게 전시공간의 빛은 동선과 함께 가장 유념해야 할 과제였다. 하지만 이 개념에 따라 건설된 세 뮤지엄 중 기후조건이 양호한 도쿄 국립서양미술관National Museum of Western Art, 1956-1959을 제외하고 인도에 건립된 두 뮤지엄은 기후에 대응해 원 개념의 변주 필요성이 대두됐다. 그 결과, 그의 건축을 깊이 연구한 시리아니가 빛자연광이 없으면 건축은 없다고 생각하게 할 만큼 자신의 작품에서 자연광의 진수를 보여줬던 르코르뷔지에가 아마다바드 시립미술관에서 자연광 유입을 포기하기에 이르렀다.[78]

찬디가르 주립미술관Chandigarh Government Museum, 1952-1968은 일시에 내리는 폭우에 대비해 일자형 천창을 병렬배치해 천장구조가 배수구 역할을 겸하고 건물 양단으로 흐른 빗물은 건물의 북서쪽과 남동쪽 상부에 매달린 거대한 석루조에 모여 아래의 수반으로 떨어졌다. 찬디가르의 카피톨에서처럼 이곳의 수반에 담긴 물도 주변의 온도를 내리는 데 기여한다. 아마다바드 시립미술관은 기후에 대응해 이후 다시 살펴볼, 내부를 비워냄으로써 자연통풍을 유발하는 방안과 함께 무한성장박물

관의 특징 중 하나로 오랜 기간 구상했던 천창을 통한 자연광 유입을 포기하고 전시층 상부에 전기조명기구 설치공간이자 단열층 역할을 하는 공간을 도입했다. 천창이 삭제된 옥상에는 넓이 50제곱미터, 깊이 40센티미터인 물이 담긴 수반 45개를 설치하고 여기에 상록만성식물을 띄워 옥상 슬래브를 식혔다.

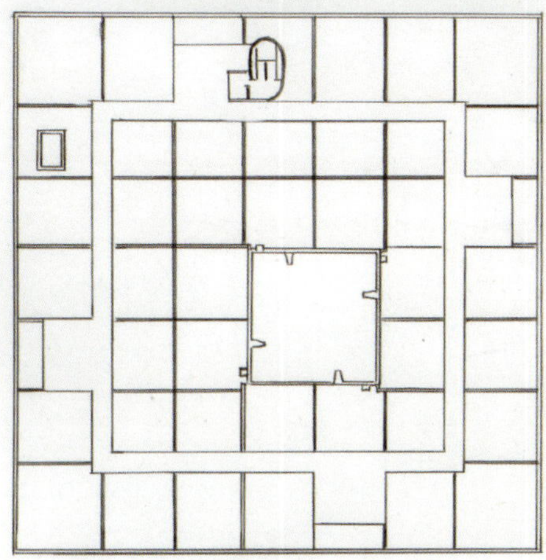

| (상) 찬디가르 주립미술관의 석루조와 수반
(하) 아마다바드 시립미술관 옥상의 수반 배치도. 중심부의 큰 사각형은 하부로 뚫린 부분이다.

차양이 도입된 아마다바드의 쇼단 주택에도 깊은 그림자를 드리우며 통풍을 유발하는 그늘막 지붕이 있다. 열대지방의 인도식 사부아 주택을 연상시키는 이 주택에서는 나무 거푸집의 흔적이 표면에 남아 있는, 전반적으로 거친 노출 콘크리트 마감과 달리 금속판을 사용한 각 층의 내부 천장과 그늘막 지붕의 아랫면은 매끈해 그 하부인, 3개 층에 분산된 옥상정원의 일괄 보호자로서의 영역성을 드러내고 단순 입방체로서의 면모를 견지한다. 앞에서 살펴본, 찬디가르에 계획된 농사꾼의 집에서도 모뒬로르가 적용

쇼단 주택의 그늘막 지붕

된 평면과 단면으로 가운데가 높은 완만한 궁륭형의 지붕 위에 별도의 지붕이 추가된 두 겹 지붕으로 뜨거운 해를 막아선다. 브리즈 솔레이어와 그늘막 지붕으로 햇빛을 차단했고 통풍도 충분히 고려해 한여름 밤에도 실내에서 잘 수 있으므로 이제 침대를 들고 지붕으로 올라가지 않아도 된다는 자신감이기도 하다.

낮의 뜨거운 햇볕으로 달궈진 건물은 밤에 얼마간의 열을 발산하기 마련이다. 그래서 인도의 태양에 그대로 노출된 날개벽과 십자벽의 콘크리트가 빠른 속도로 열을 흡수해 낮 동안 브리즈 솔레이어에 축적된 열이 밤에 발산될 거라며 효과에 의문이 제기되기도 한다. 콘크리트는 열전도율만 보면 1.4-2.5W/(m·K)로 목재(0.1-0.2), 타일(0.5-1.5), 시멘트 벽돌(0.8-1.2), 흙벽돌(0.5-1.5)보다 높다. 하지만 일정한 온도 변화에 따라 단위

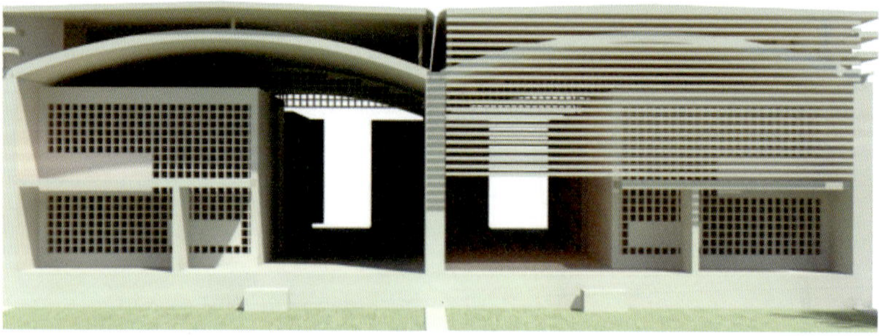

그늘막 지붕을 보여주는 찬디가르의 '농부의 집' 모형

질량당 몇 제곱미터의 열 에너지를 흡수 또는 방출할 수 있는지를 보여주는 열용량 수치는 콘크리트가 0.84-1.0J/g·°C로 목재(1.67), 알루미늄(0.9), 시멘트 벽돌(0.84) 또는 흙벽돌(0.8-1.2)보다 높은 편이 아니어서 다른 건축재료와 비교해 햇볕에 의해 전달될 열을 특히 더 많이 축적해 방출하지는 않는다. 밤에도 사람이 실내에 머무는 주거용 건물에서 본체와 띄워져 있는 그늘막 지붕에는 그럴 우려조차 없어 열 차단의 효용성이 크다.

르코르뷔지에의 작품 중 기후에 대응한 제시와는 별도로 그늘막 지붕이 도입된 경우가 있다. 그의 생존 시에 취리히 호수를 면한 취리히호른Zürichhorn 공원 안에 계획됐으나 사후에 완공된 인간의 집Maison d'Homme, 1963-1967(현재의 공식 명칭은 Heidi Weber-Centre Le Corbusier)에서 우산형과 우산이 뒤집힌 형태의 그늘막 지붕이 그것이다. 이 전시관은 르코르뷔지에 작품의 가치를 알아보고 그의 모든 가구 디자인의 사용 독점권을 확보한 베버 여사의 지원으로 실현됐다. 베버 여사는 은행카드가 사용

| 인간의 집, 르코르뷔지에, 취리히

되기 이전인 1990년대 초에 미처 스위스 돈을 환전하지 못해 전시관 앞에서 서성이던 필자를 무료로 들여보내 주며, 내가 파리에서 온 것을 알고는 프랑스인들이 르코르뷔지에를 제대로 대우하지 않았다고 투덜댔다. 이 인간의 집은 르코르뷔지에의 '무한성장박물관의 연장les prolongements du Musée à Croissance Illimitée' 개념 중 하나로 1950년에 파리 외곽순환도로의 마이요 출구Sortie périphérique Porte Maillot에 건립을 시도했던 순회전시관 계획안과 1962년 스톡홀름의 전시관 계획안이 마침내 취리히에서 실현된 것이다.

여기에서 그늘막 지붕은 단층의 내부 전시공간을 자유롭게 다닌 후 외부 경사로를 통해 옥상으로 올라가 추가된 지붕에 의해 그늘지고 비에서 보호되며 영역성이 확보된 장소에서 옥상 전시물을 감상하거나 360° 파노라마로 시야에 들어오는 공원을 수평적인 조망으로 즐길 수

| 찬디가르 아트갤러리, 르코르뷔지에

있게 한다. 앞에서 살펴본 것처럼 태양을 막기 위한 목적으로 시작된 그늘막 지붕이 상징적·기능적 관점에서 더 넓은 의도로 활용될 수 있음을 보여준다. 금속재로 건설된 이 전시관과 유사한 형태지만 철근콘크리트로 지어진 것으로, 1952년 르코르뷔지에가 찬디가르 주립미술관의 연장으로 미술관 바로 옆에 계획했으나 1990년에야 완공된 찬디가르 아트 갤러리 Chandigarh Art Gallery가 있다. 더운 이곳에서의 그늘막 지붕은 확실히 옥상 슬래브를 일사로부터 차단하는 역할을 한다.

이러한 두 겹 지붕을 통한 태양열 차단은 건축계 노벨상이라 불리는 프리츠커 건축상 the Pritzker Architecture Prize을 2022년에 수상한 케레 D. F. Kéré, 1965-가 설계한 간도 Gando 초등학교 2001년 완공와 다노 Dano 고등학교 증

| (상) 간도 초등학교 증축, 케레 / 다노 고등학교 증축, 케레
(하) 레오 외과진료소 및 건강센터, 케레

축, 레오 외과진료소 및 건강센터Léo Surgical Clinic and Health Center, 2014년 완공 같은 작업에서도 적용됐다. 아프리카에서도 가장 생활 수준이 낮은 빈국인 부르키나파소에 별도의 공조설비 없이 내외부 환기와 온도 유지가 가능케 한 것이다. 간도 초등학교의 경우 토착 점토에 시멘트를 보강해 만든 생물기후 축열 벽돌로 벽과 여러 개의 열列을 따라 다수의 구멍이 뚫린 하부 지붕이 지어졌는데, 그 위에 별도의 지붕을 또 얹어 그늘을 만들고 두 지붕 사이에서 열이 빠져나가도록 했다. 에어컨 없이 패시브 환기가 가능해진 것인데, 지역의 토속적인 자재와 기술을 혁신적으로 적용한 사례다. 이렇게 르코르뷔지에가 인도의 뜨거운 태양을 막기 위해 도입한 그늘막 지붕은 연중 가장 더운 달인 4월의 평균기온이 36°C나 되는 부르키나파소의 기온에 대처하는 방안으로 손색없이 효과를 발휘한다.

실내의 복층화와 내부 비워냄을 통한 통풍 유발

케레의 작업에서도 확인할 수 있는 것처럼 더운 지역에서 직사광선 차단과 함께 자연통풍에 의한 원활한 환기는 패시브 건축이나 건축의 지속가능성 모두에서 주목하는 장점이다. 르코르뷔지에는 농사꾼의 집 계획안에서 문과 창의 개구부 위치에 따라 바람의 관통을 보여주는 단면도를 여러 개 그리면서 자연통풍에 대한 기대감이 높음을 드러냈다. 찬디가르의 사무국 건물에서도 이런 희망을 보여주는 단면도를 그렸다. 그는 아마다바드에 세워진 쇼단 주택, 사라바이 주택과 마찬가지로 제사협회건물도 엄밀하게 주풍 방향으로 방위가 정해졌음을 밝혔다.[79] 가장 더운 시기의 주요 풍향을 확인하고 자연통풍으로 열기가 내부에서 빨리 빠져나가도록 유념한 것이다.

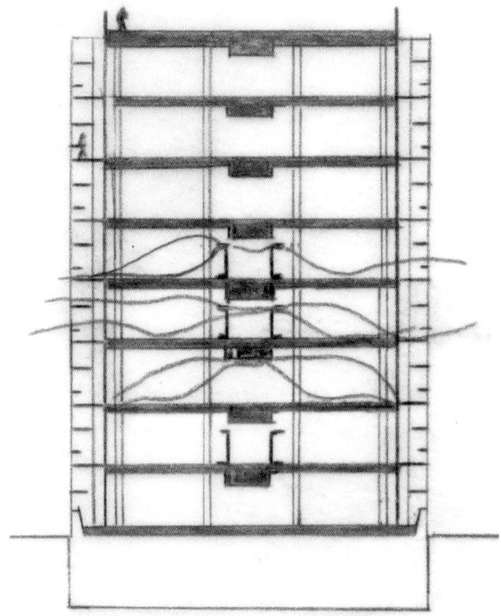

찬디가르 사무국의 브리즈 솔레이어와 환기를 위한 합리적인 단면 연구, 르코르뷔지에

복층형 공간이라는 단면상의 조절로 실내공기의 온도 차이를 이용해 더위를 감소시키고 자연통풍의 효과를 높이려는 시도는, 그대로 실현되지는 않았지만 앞서 그늘막 지붕의 첫 사례로 언급된 베조 주택의 초기 계획안에서 먼저 나타났다. 7월과 8월의 월평균 최고기온이 34°C에 달하는 튀니지 카르타고Carthage에 위치한 이 주택에서 건축가는 태양으로부터의 피난처 제공과 환기를 위해 변함없는 통기를 확보하고자 했다. 앞에서 제시한 이 주택의 단면 모형은 이를 위한 해법을 보여준다. 이 집에는 건물에 그림자를 드리우는 자체 파라솔이 있다. 필로티 위에 올라선 채 2층과 4층, 옥상에 외부 테라스를 도입하고 2-3층, 3-4층의 복층 공간을 서로 마주 보게 배치해 모든 방이 지층에서부터 상부층까지 지속적인 공기 흐름을 허용하면서 서로 연계되어 있었다.

르코르뷔지에의 작업에서 1916년 스위스의 고향마을에 지은 쇼브 주택Villa Schwob에서 처음 복층 높이의 거실이 등장한 이후 그의 초기 작품들에서 상승하거나 하강하는 대각선적 공간 확장을 담당하던 복층의 공간 도입은[80] 베조 주택에서의 시도 이후 쇼단 주택에서 실내온도 조절 방편의 일환으로도 실현됐다. 여기서 1층의 입구홀과 대기실, 거실, 식당이 복층형으로 2층과 연계됐고, 2층의 침실 하나와 3층의 침실 두 개가 모두 복층형으로 열대기후에서 실내의 더운 공기가 위로 올라가 외부로 빠져나가도록 돕는다.

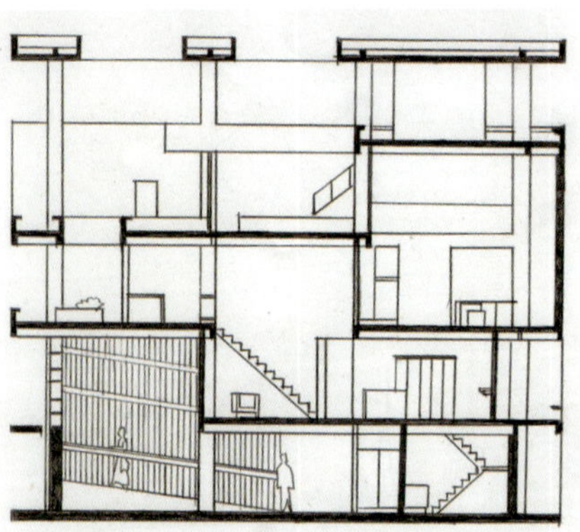

| (상) 르코르뷔지에의 주택에서 복층 높이의 거실이 처음 등장한 숍 주택
(하) 쇼단 주택 단면도

앞에서 살펴본 것처럼 건물의 볼륨 일부를 비워냄으로써 건물 깊숙이까지 쉽게 자연 바람을 만나게 하려는 의도는 르코르뷔지에가 1922년에 제안한 빌라형 공동주택 계획안과 이 계획안의 한 세대를 1925년 파리에서 열린 장식예술박람회의 전시관으로 실현한 레스프리누보 전시관le Pavillon de l'Esprit Nouveau, 이 아이디어를 적용한 빌라 사부아의 공중정원 등

1920년대에 이미 나타났다. 건물의 깊은 곳까지의 자연광 유입 의지가 자연풍 소통의 확대와 직결된 것이다.

신정신관, 르코르뷔지에

이런 필요성은 폭염에 맞서야 하는 인도에서 더욱 절실했다. 상부층에서 테라스 형식으로 복층의 단면과 관계하며 건물 볼륨의 이곳저곳을 비우는 방식은 쇼단 주택에서 구체화됐다. 이 주택은 2층부터 4층까지 곳곳이 파여 외부 테라스로 제공됐다. 5층은 그늘막 지붕으로 보호된 옥상테라스다. 건물 깊숙이 들어온 외부에 드리운 그림자는 태양이 강렬한 만큼 짙어진다. 그 구조는 단순하지만 장소들의 배치와 그들의 형태, 크기, 파사드의 브리즈 솔레이어와 지붕 파라솔의 그림자, 적정한 공기 흐름의 조직에 의해 바람이 쓸어가는 옥상정원 등이 상당한 조형성을 보여준다. 사부아 주택에서의 아이디어가 열대지방의 환경

내부 곳곳이 비워져 외부가 된 쇼단 주택

과 인도적 맥락에 순응했다.

1951년에 쇼단 주택과 동시에 계획된, 동쪽과 서쪽이 태양의 위치를 계산한 브리즈 솔레이어로 보호되고 북쪽과 남쪽은 아예 막힌 제사협회 건물의 경우 여러 사무실이 모여 운영본부로 쓰이는 2층 이외에는 1층과 복층형 대회의실이 있는 3층 및 4층의 안쪽이 모두 외부로 개방되어 건물 윤곽 안이면서 그늘진 외부에 있게 된다. 실내인 대회의실 밖의 로비 공간 전체를 외부로 내어놓은 것이다. 따라서 브리즈 솔레이어와 벽으로 한계지어진 볼륨 내에서 내부 공간인 일부분을 제외한 나머지가 모두 그늘진 외부다.

| (상) 필로티 아래 외부에 있는 칸달라마 호텔의 프론트
(하) 건물의 하부로 외부인 더블루워터 호텔의 프론트와 로비

여름과 겨울의 기온 차가 큰 우리에게는 낯설지만, 월별 평균기온이 거의 편차 없이 27–28°C로 가장 더운 나라 중 하나인 스리랑카에는 열린 공간, 자연광과 지역 재료를 이용해 열대의 모더니즘 건축을 탐구한 건축가 바와Geoffrey Bawa, 1919-2003가 자국의 기후에 맞춰 계획한, 산중의 칸달라마 호텔Kandalama Hotel, Dambula, 1992-1995이나 인도양 해변을 면한 더 블루워터 호텔The Blue Water Hotel, Wadduwa, 1996-1998 같은 곳이 있다. 이곳들은 5성급 고급 호텔임에도 외부에 있는 로비가 건물이 가려주는 그늘로 시원하고 환기도 잘 된다. 건축물의 규모가 크더라도 그 윤곽 속을 덜어내어 외부를 건물 안으로 끌어들이는 방식이 오늘날에도 유효함을 보여준다.

찬디가르 카피톨의 고등법원에서도 건물 윤곽 안이 법정과 사무공간을 제외하면 복도와 경사로 같은 이동 통로와 사이 공간이 모두 외부다. 그늘 속의 외부로 햇볕은 막되 공기는 통하는 구조인 것은 제사협회 건물과 닮았다. 델리의 붉은 요새Red Fort in Delhi[81] 같은 무굴 제국[82]의 궁전에서 그늘진 곳을 통과하며 공기가 시원해지는 원리를 르코르뷔지에가 체험한 것이 그의 작업에서 재현됐다.

아마다바드 시립미술관에서도 단열층 도입과 옥상의 수반 마련 같은 방안과 아울러 건물 깊은 곳을 외부로 만들어 자연통풍을 유발하고자 했다. 건물이 다수의 필로티 기둥 위에 얹혀 있어 외부가 된 이곳의 1층은 뜨거운 햇살을 피해 머물 수 있는 장소로 제공된다. 들린 미술관 아래에는 노출콘크리트로 만든 카페 시설이 있고 옥상에 떨어진 빗물을 담아 주변을 식혀줄 풀pool도 있어 햇볕이 따가운 날이면 여기가 머묾과 쉼의 장소임을 명시한다. 필로티 아래 그늘로 들어온 방문객을 2층에 있는 전시장으로 이끄는, 무한성장박물관의 원 개념에 따르면 내부

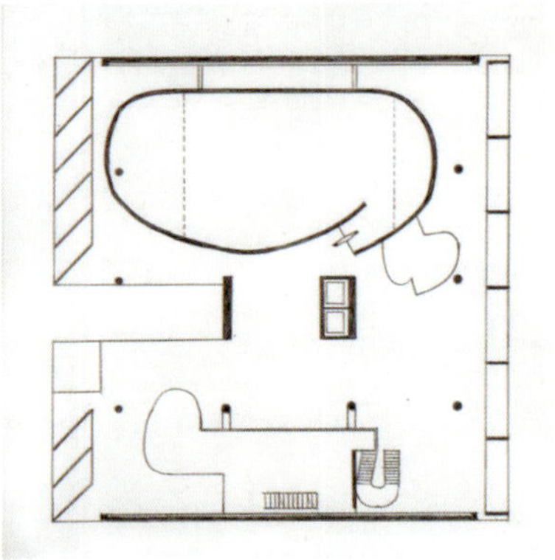

| (왼쪽 상단부터 순서대로)

- 외부가 안으로 들어온 제사협회건물
- 제사협회건물 3층에서 외부가 된 대회의장 홀
- 제사협회건물 3층 평면. 곡벽으로 둘러싸인 대회의장만 내부공간이다.
- 이동 통로와 사이 공간이 모두 외부인 찬디가르 카피톨의 고등법원
- 델리의 붉은 요새 외관
- 외부가 건물 안으로 깊숙이 들어온 델리의 붉은 요새

에 있어야 할 경사로도 지붕이 없는 외부 공간에 놓였다. 이 미술관을 구성하는 49개 모듈7×7 중 중심부 9개3×3가 외부이고 그중 4개2×2는 지붕 슬래브까지 제거되어 필로티 아래의 수평적 바람 흐름과 중심부의 수직적 바람 흐름으로 통풍 효과를 극대화했다.[83] 오후 6시 이후를 개관시간으로 고려했을 만큼 가혹한 기후를 대면해 태양의 차단과 자연통풍 유발로 대응했다.

외부가 된 아마다바드 시립미술관의 1층과 중심공간. 우측 아래에 카페 시설과 물을 담는 풀이 보인다.

지어지지는 않았지만 르코르뷔지에가 아마다바드에 노출콘크리트로 설계한 치만바이 주택Villa Chimanbhai, 1952-1955에도 브리즈 솔레이어, 옥상정원과 그늘막 지붕, 공간 덜어냄 등의 조처가 모두 나타났다. 인도인 건축주의 요구를 충족시키면서 지역의 자연조건을 근대적 방식으로 극복해 환경(태양, 공간, 푸르름)에 적합하면서 조형적으로도 뛰어난 건축을 창출하려는 그의 일관된 노력을 인도에서의 프로젝트 전부에 기울인 것이다.

치만바이 주택 계획안 투시도

르코르뷔지에 아틀리에의 기후 일람표와 수목樹木 연구

효율적이고 일관성 있는 기후 대응을 위한 기후 일람표

우리는 앞에서 르코르뷔지에가 인도에 세운 건물들이 바람이 불어오는 방향과 방위, 계절별 해의 높이 등을 감안하며 계획됐음을 거듭 확인했다. 그런데 이런 조처들이 과제가 주어질 때마다 각 건물을 위한 일시적 방편으로 취해진 것이 아니었다. 그의 아틀리에는 인도에서의 기후에 효율적이고 일관성 있는 건축적 대응을 하기 위해 1951년 말에 '기후 일람표Grille climatique'를 만들었다. 지역에 따라 어떤 장소의 기후 데이터를 나열, 조정, 분석하여 건축 연구를 인간 생물학에 맞춘 해결책으로 안내할 수 있는 실제적인 시각화 방법으로서 과도한 기후의 범람을 효과적으로 조정하고 교정하며, 건축적 장치들로 안락과 편안함을 보장할 수 있는 조건을 실현하기 위함이었다.[84] 색채 연구를 통해 색 일람표를 만들었던 것처럼 감각과 경험치를 넘어서 철저한 통계 분석을 중시한 그

르코르뷔지에 아틀리에의 '기후 일람표'

기후																	
			패널 A														
			기후 자료														
다섯 가지 요소들	도시		1	2	3	4	5	6	7	8	9	10	11	12	1	2	3
			1월	2월	3월	4월	5월	6월	7월	8월	9월	10월	11월	12월	1월	2월	3월
	I. 기온																
	II. 상대습도		∅	⦶	∅	○	○	○	○	○	○	○	○	○			
	바람	III. 방향															
		속도															
		온도															
	열복사	IV. 지면 온도															
		지붕															
		벽															

의 면모가 다시 발현된 것이다.

르코르뷔지에는 1929년에 통계자료는 양뿐만 아니라 그것을 읽는 데 시간을 허비하지 않고 의문점을 곧바로 해소할 수 있도록 시각화를 위한 도표도 함께 제시되어야 함을 강조했는데,[85] 1950년대에 고난이도의 인도 프로젝트를 수행해야 할 상황에서 기후 관련 통계의 시각화를 실천했다. 이 일람표는 주변 조건을 보여주는 네 줄의 수평 띠로 구성된다. 여기서 주변 조건은 건물을 계획하려는 지역 기후의 네 가지 필수 요인, 즉 기온, 습도, 공기의 움직임(바람이 불 때 또는 평소의), 고려한 물체의 열복사다. 따라서 일람표에는 이 네 가지 요인 각각에 대한 변화가 고려한 시간(일, 월 또는 연도 등) 동안 시각화할 수 있는 4개의 수평 띠에 기록된다. 이때 시간은 수직선으로 표현되어 수평 띠를 시간을 그리는 수직선들로 분절한다. 이 수평 띠들의 일람표는 옆으로 세 개의 패널이 연결되는데, 처음 것은 건물을 지어야 할 곳의 주변 조건, 두 번째는 그곳을 편안하고 안정되게 하기 위한 온도, 습도 등의 교정 수치, 세 번째는 이를

일									람											표
패널 B									패널 C											
수정해야 할 사항									건축적 조처											
4	5	6	7	8	9	10	11	12	1	2	3	4	5	6	7	8	9	10	11	12
4월	5월	6월	7월	8월	9월	10월	11월	12월	1월	2월	3월	4월	5월	6월	7월	8월	9월	10월	11월	12월

										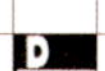										

위한 건축적 해법을 보여준다.

첫 수평 띠를 아래로 내려가면서 보면 월간, 계절별, 1년간의 온도 변화, 동지나 하지, 적도, 몬순 등의 특징적인 점들을 드러낸다. 첫 번째 수평 띠는 붉은 색조로 연간 온도 곡선을 그린다. 두 번째 띠의 파란색 색조는 1년 동안 공기의 습도 곡선을 그린다. 세 번째 띠는 1년간 다양한 바람 방향과 세기를 보여준다. 마지막으로 네 번째 띠는 건축 프로젝트에 고려된 벽, 지붕 등의 열복사를 제공한다. 이렇게 주변 조건은 일람표의 첫 번째 패널로서, 일람표가 주변 조건을 시각적으로 드러낸다.

두 번째인 가운데 패널은 그 지역 건물 사용자의 편안함과 안녕을 보장하기 위해 필요한 생물학적 자연법칙의 교정과 수정을 취한다. 첫 번째 패널은 인간이 고통받는 조건을 드러냈고, 일람표의 두 번째 부분은 첫 번째 부분과 인접한 채 첫 번째 수치의 교정과 수정을 위해 동일한 수평과 수직 칸의 패널로 구성된다. 어떤 칸에는 생리학자가 필수적이라고 간주하는 교정치 또는 수정치를 기록한다. 따라서 일람표의 두 번째 패널은 건축가가 개입할 프로그램을 구성한다.

세 번째 패널은 인간이 고통받는 조건을 드러낸 첫 번째 패널과 이를 극복해 사용자의 편안함과 안녕을 보장하는 목표치를 보여주는 두 번째 패널에 이어 이 목표를 달성하기 위한 적절한 건축적 해결책을 제안한다. 이 세 번째 패널 역시 앞의 두 패널과 동일한 수평과 수직 칸의 패널로 구성된다. 생물학적 수정이 기록된 두 번째 패널의 각 칸에 해당하는 칸의 스탬프(습식 인장)는 적절한 해결책을 제시하는 도표가 작성됐음을 나타낸다. 스탬프에는 일람표의 이 지점에서 도면의 존재를 나타내는 'D'가 표시되어 있다. 'D' 아래 두 개의 흰 칸에 해당 문서를 일람표의 세 번째 패널에 있는 정확한 위치로 되돌리기 위한 참조 사항과 해당 문서의 작성 일자가 입력된다. 이 그래픽 문서들은 건축가의 대답이다. 그것들은 유용한 순서로 모여 '일람표의 부속 장부Cahier annexe de la Grille'를 구성한다. 작성하기가 비교적 쉬운, 수기로 하는 이 일은 일람표의 세 번째 부분에 높은 효율성을 제공할 수 있다. 해당 칸에 그림을 그리고, D 스탬프가 남긴 빈 공간에 해당 문서의 개략적인 표현을 그리므로 충분한 시각화를 통해 일람표를 쉽게 사용할 수 있다. 프랑스의 작업에서도 적용된 이 기후 일람표가 모든 프로젝트에서 동일한 중요도로 활용된 것은 아니지만, 규모와 용도, 위치 등에서 차이가 있는 인도에서의 르코르뷔지에 작업들이 일관성이 있으면서도 필요한 변화를 보이는 근원을 짐작할 수 있게 한다.

외부에서 태양과의 관계를 염두에 둔 수목 연구

르코르뷔지에의 아틀리에에서 그린, 찬디가르에서 동지와 하지 때의 시간별 태양의 고도와 방위를 보여주는 그림은 그가 기후 일람표에 제시된 목표치를 건축적으로 달성하기 위해 인도의 태양 순환궤적을 면밀하게 검토했음을 보여준다. 이에 덧붙여 신도시 찬디가르의 환경과 풍경을 위해 그가 계획한 도로 체계에 따라 한 줄로 늘어선 나무, 두 줄로 늘어선 나무, 여러 줄로 늘어선 나무, 혼자 떨어져 있는 나무, 동일한 수종으로 이뤄진 작은 숲, 다른 수종들이 섞인 작은 숲, 넓은 숲이라는 여섯 가지 수목 요소의 건축적 개념을 설정해 필요한 나무들의 모양, 높이, 성장 속도, 꽃, 잎의 성격(낙엽수인지 또는 상록수인지, 무성한지 또는 엷은 빛깔인지)까지 구분해놓았다. 기후 일람표와 함께 고안한 수목 연구Étude d'arborisation에서 그가 내부에서뿐만 아니라 외부에서도 태양과의 연관성을 중시했

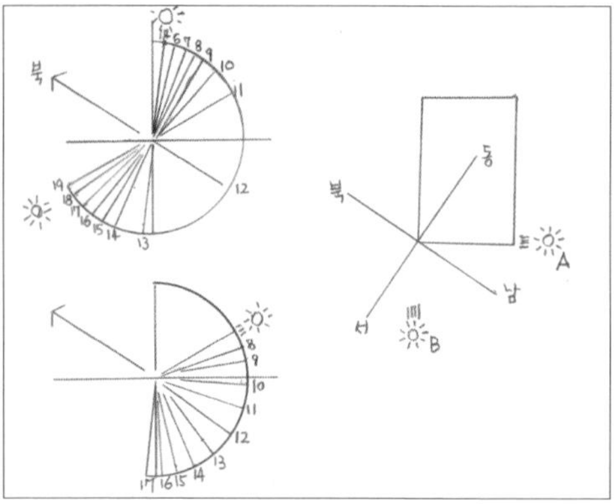

| 찬디가르의 동지와 하지 때 시간별 태양의 고도와 방위

음을 알 수 있다.[86]

예를 들어, 일찍이 생물학에 관심을 가져 혈류, 림프계, 호흡계처럼 서로 다르지만 혼란스럽지 않고 조화를 이루는, 상당히 합리적인 시스템에 주목했던 르코르뷔지에가 현대 교통 순환을 통제할 수 있는 도로의 조직적 계층으로 고안한 7 Vs 중 도로 V3에는 자동차, 트럭, 오토바이만 고속으로 달린다.[87] 여기서 나무 심기는 그늘 제공과 함께 특히 해의 눈부심과 관련해 최상의 해법을 제공하기 위해 연구됐다. 찬디가르의 V3에는 기차역과 나란한 길인 수평적 V3, 카피톨과 나란한 수직적 V3의 두 가지 방향이 있다. 계절과 시간에 따라 이 두 방향을 달리는 운전자가 해의 위치 때문에 겪을 애로사항을 감소시킬 나무 심기가 필요했다. 수평적 V3에는 직사광선을 피하기 위한 나무 터널이 만들어지도록 가지가 수평적으로 자라는 상록수를 길 양편에 동일한 간격으로 심는다. 반면에 수직적 V3에는 직사광선을 피하기 위해 수직적인 나무를 동일한 간격으로 심는다. 시민들이 많이 활동하는 곳에 있는 V4 도로[88]에서는 여름이면 그늘을 만들고 겨울에는 햇빛을 맞아들이기 위해 잎을 효과적으로 섞는다. 도시의 처음부터 끝까지 다양한 모습으로 어우러진 풍경을 얻기 위해 여러 가지 모양의 나무를 때론 일렬로, 때론 두 열이나 여러 열로 심게 된다.

르코르뷔지에의 아카이브에는 앞에서 소개한, 찬디가르에 저가 주

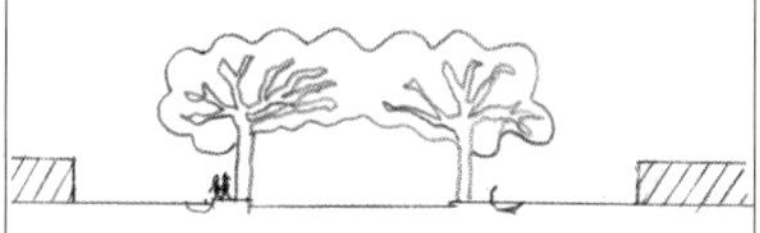

V3 Verticales

상록수 (햇볕 쬐는 것을 피하기 위해)
형태: 2형, 나무 터널을 만들기 위해 가지가 옆으로 성장
배치: 두 줄로 정렬, 일정한 간격

V3 Horizontales

상록수 (햇볕 쬐는 것을 피하기 위해)
형태: 6형
배치: 규칙적으로 두 줄로 정렬

찬디가르의 V3 도로를 위한 르코르뷔지에의 '수목 연구'

택 단지의 일환으로 구상된 '농사꾼의 집' 계획안의 '기후 일람표'가 실려 있다. 여러 평면도와 단면도(FLC5600–5628)에서 햇빛에의 대응과 바람의 관통을 보여주는 그림과 설명들이 상세히 나오고 연이어 수목 연구에 관해서도 별도로 연구됐음을 보여주는 자료들이 실려 있다.[89] 건축의 규모나 중요도에서 더 비중이 큰 인도 프로젝트가 많음에도 서민을 위한 저가의 소규모 단층주택 단지를 위한 기후 일람표가 작성되어 실리고, 개인 주택으로 이끄는 가장 좁은 외부 도로인 V5[90]와 집 안에 어떤 나무를 심을 것인가를 고심한 것에서 웅대한 주정부 건물단지를 구상한 르코르뷔지에가 여전히 보통 사람을 위한 관심과 배려를 견지하고 있었음을 보여준다.

| 에 | 필 | 로 | 그 |

오늘날 건축에서 자연광의 중요성에 대한 자각의 필요성, 르코르뷔지에의 건축과 도시에 담긴 자연광과 친환경적 특성에 주목하는 이 책은 각각의 주제로 2년의 시차를 두고 별도로 연구하고 발표한 두 학술논문이 출발점이 됐다. 책보다 논문 형식으로 먼저 접근한 것은 지금까지 잘 다뤄지지 않았거나 상반되는 견해가 주류인 주제여서 심사자들의 엄격한 평가를 통과해야 하는 논문을 통해 그 의도와 논증이 나만의 억지나 궤변이 아님을 확인하기 위함이었다. 찬디가르의 빛 차단 효과를 수치로 밝히지 않은 데 대한 한 평가자의 지적이 있었지만, 연구의 취지와는 무관한 관점이어서 대응 없이 지나갈 수 있었다.

건축에서의 자연광을 얘기하면서 르코르뷔지에를 끌어들인 것은 그가 가장 작은 거주지에서부터 도시까지 계획하며 자신의 혁명에 자연과 지리뿐만 아니라 태양을 첫 조건으로 끌어들인 인물이기 때문이다. 여러 관점으로 건축이 무엇인지를 설명한 그가[1] 말년에 "거부할 수 없는 '자연조건'인 태양의 법칙에 따라 거주와 작업과 여가를 위한 장소와 공간을 창조"한다는 건축에서의 분명한 정의가 흔들리고 있음을 우려했다.[2] 태양으로 인해 영원히 반복되는 낮과 밤의 변환이 인간 행동에 큰 영향을 미침에도 건축에서 태양(적으로 여기든 친구로 여기든)이 심각하게 고려되지 않고 있다는 것이다.

르코르뷔지에는 이 책에 수록된, 자연광을 소중히 여기는 언급들과 함께 자신이 만든 공간에서 빛의 역할과 의미가 어떠한지 생생하게 보여줬다. 그가 경력 후기에 설계한 롱샹 성당과 라투레트 수도원 부속성당은 눈길을 끄는 조형성과 상자형의 단순함이라는 외관과 내부 공간에서의 큰 차이에도 불구하고 둘 다 '형언 불가의 공간'으로 인정받을 만큼 아름답고 의미 있는 공간적 감동을 자연광의 도움을 받으며 연출했다. 이 두 사례 이외에도 르코르뷔지에의 각 건축 작업은 빛만으로도 심도 있는 분석이 가능할 만큼 자연광의 높은 가치와 구사 능력을 보여준다. 그동안 이러한 분명한 사실에만 집중하다가 어느 날 그때까지 거의 인식하지 못했던, 그의 많은 글과 건축 작업에서 드러나는 자연광에 대한 그의 각별한 인식의 바탕에 당시의 열악한 주거환경에서 사용자의 건강을 지키려는 건축가로서의 의무감이 줄곧 내재해 있음을 감지해 이 책을 기획하게 됐다.

가능한 한 자주, 많은 햇볕을 누려야 하는 지역에서와는 달리 자연광의 유입을 통제해야 하는 더운 대륙에서 르코르뷔지에의 대처는 그가 오랜 시간 다져온 자신의 건축 철학 위에서 언제나처럼 '끈기 있는 탐구'를 통해 일관성 있는 건축적 해결책을 찾아감을 보여준다. 열기를 제어할 냉방기 설치와 가동은 엄두도 낼 수 없는 여건에서 부족한 예산임에도 조형적 고품질을 잃지 않으면서 거주와 작업과 여가를 위한 터전으로 잘 기능할 수 있는 건축을 성취하려는 시도를 멈추지 않은 것이다.

2016년 세계유산위원회World Heritage Committee 40차 회의에서 르코르뷔지에의 건축 작업 17개가 한꺼번에 유네스코 세계문화유산으로 지정될 수 있었던 이유 중 하나가 그의 건축이 후대에 준 영향, 즉 전 세계에 끼친 전파력이다. 앞에서 이야기한, 르코르뷔지에의 인도 작업에 줄곧 협력했던 인도 건축가 도시의 작업에서도 이를 확인할 수 있다. 도시를 2018년 프리츠커 건축상 수상자로 결정하면서 당시 아홉 명으로 구성됐던 심사위원단은 "좋은 건축, 좋은 도시계획은 단순히 '용도와 구조물의 결합'에 그치는 것이 아니라 기후, 입지 특성, 지역적 맥락에 대한 깊은 이해가 기술 및 장인정신 등과 어우러져야 한다는 사실을 도시가 보여주었다."라고 소개했다. 또한 "도시가 설계한 건물은 시적이면서도 기능적이다. 인도의 역사, 문화, 전통건축 양식과 아울러 변화하는 시대상이 담겨 있다."라고 하면서 "결코 화려하거나 트렌드에 좌우되지 않으면서 진중하다."라며 치하했다.

르코르뷔지에보다 마흔 살 아래로 1927년생인 도시는 1950년 유럽으로 건너가 24세였던 1951년부터 1954년까지 르코르뷔지에의 설계사무실에서 인도 프로젝트에 협력하며 르코르뷔지에의 건축을 습득했다. 1954년에 인도로 귀국해 르코르뷔지에가 아마다바드에 설계한 사라바이 여사 주택, 쇼단 주택, 제사협회건물, 아마다바드 미술관 공사를 감독하면서 르코르뷔지에 건축의 실체를 시공 현장에서도 체득해냈다. 인도를 대표하는 모더니스트이자 브루탈리즘brutalism[3] 건축가가 된 그는 인도의 기후조건에 대응하는 르코르뷔지에의 근대적 방식에서 큰 교훈을 얻었음을 고백했다.

건축이 기후 환경에 무심하게 진행되어 온 사례는 오늘날에도 흔하다. 2024년 3월 체감온도가 60°C에 육박하는 폭염에 시달린 상파울루의 대학생들이 교실에 에어컨을 설치해 달라며 비키니 시위를 벌였다. 건강에 해로울 뿐 아니라 비인간적이라는 학생들의 호소에 대학 측은 교실과 강당의 환기 시스템을 포함한 물리적 인프라를 개선하기 위해 계속 노력하고 있다고 답했다. 상파울루는 1·2월의 월평균 최고기온이 29°C이고 습도가 거의 1년 내내 80%에 달하는, 주민 숫자가 1,200만 명이 넘는 브라질 최대의 도시다. 상파울루에서 등록금이 비싼 명문대학인 가톨릭대학교조차 지금도 에어컨을 설치하고 가동하기 어려운 여건임에도 처음부터 적절한 건축적 대책을 제공하지 못한 것이다.

2024년 5월에도 동남아와 동아시아에 사는 이들이 체감온도 50°C 안팎의 무더위에 시달리며 열사병 환자와 사망자가 속출하고 있다는 보도가 있었다. 5월 첫날에 미얀마 중부 마그웨이의 온도가 48.2°C를 기록하고 태국의 북부 람팡 지역은 44.2°C, 수도 방콕은 40.1°C까지 기온이 올라갔지만, 당국은 전력시스템의 과부하 때문에 냉방을 자제해줄 것을 호소하고 있다.

1950년대의 르코르뷔지에는 인도의 상시적 무더위에 나름 건축적으로 대응코자 했다. 그렇다고 오늘날 개념에서의 친환경 건축, 패시브 건축, 지속 가능한 건축 등에 대한 인식이 전혀 없었던 때에 그가 유별나게 그 방면에 선지자적 혜안을 지녔고 완벽한 해결책을 제시한 인물이라는 점을 부각하려는 것은 아니다. 건립 시기보다 경제적 형편이 나아진 오늘날 주정부 건물들이 모인 찬디가르 캐피톨의 브리즈 솔레이어 위의 여러 곳에 에어컨 실외기가 얹혀 있다. 계획 당시부터 예상하고 감수한 것이지만, 르코르뷔지에의 제안이 찬디가르의 극심한 열기를 완벽하게 제압하지는 못했다. 하지만 르코르뷔지에는 자신의 건축에서 사용자의 위생 향상과 편의 도모라는, 건축가라면 당연히 관심을 가져야 하는 부분에 소홀하지 않았다. 그는 그 일환으로 자연광의 적극적인 활용과 적절한 통제라는 조처를 조형적·공간적·상징적으로 건축에 적용하는, 해야 할 일을 했다. 이로 인해 오랜 기간 에어컨 없이 생활해야 했을 때 도움이 됐고, 지금은 그 가동 세기를 낮추고 시간도 줄일 수 있게 됐다.

르코르뷔지에가 자신의 건축에 적용한 브리즈 솔레이어나 그늘막 지붕, 실내의 복층화와 내부 비워냄을 통한 통풍 유발은 유엔환경계획UNEF이 갈수록 뜨거워져 가는 지구에서 이제 생존의 영역이 된 에어컨 때문에 급격히 늘어나는 전력과 냉매 소비로 인한 온실가스 배출의 증가를 우려해 요구하는, 저탄소 냉각 성장 방안 중 하나인 수동 냉방Passive Cooling 조치와도 상통한다. 건축의 친환경적 지속가능성을 드높이는 수동 냉방은 전기나 기계장치를 사용하지 않고 전통적이고 자연적 현상을 활용해 실내온도를 낮추고자 하는데, 그늘을 만들거나 바람을 활용해 공기 순환이나 증발 냉각을 유도한다. 대표적인 예로는 창문이나 문을 열고 자연 바람을 통해 공기를 순환시키거나, 직사광선을 막거나 그늘막을 설치하여 집 안을 시원하게 유지하는 방법 등이 있다. 수동 냉방은 에너지 소비를 최소화하면서도 실내환경을 쾌적하게 유지하게 하는데, 2050년까지 늘어날 냉방 설비 용량을 24%까지 억제할 수 있기를 기대한다.

지금까지 확인한, 르코르뷔지에가 작업에서 보여주는 집요한 면모는 1929년 파산하기까지 하면서 르코르뷔지에의 프뤼제 근대집합주거단지Quartier Moderne Frugès, 1924-1926 계획안을 성취한 보르도의 실업가 프뤼제Henri Frugès, 1879-1974에게 르코르뷔지에가 1931년 2월 10일에 보낸 편지를 떠올리게 한다. 르코르뷔지에는 이 편지에서 "…창조적인 사람은 수도사입니다. 내 말은, 자기의 에너지를 십분 활용하여, 지혜의 교본이

될 수 있는 많은 것을 통해 해방되고 풍요로워지는 삶의 방식을 확립하면서 살고 있다는 것입니다….”라고 썼다. 은둔하는 수도사는 잡다한 일상에서 벗어나 고독한 기도와 묵상 속에서 해방감과 내적 충만함을 누린다. 누구보다도 다방면에 관심을 드러내며 산 창조적인 르코르뷔지에였고 그로 인한 내외적 갈등도 많았지만, 그는 건축에 종사하는 것이 종교적인 소명을 받는 것과 같다고 여겼다.[4] 건축가로서의 정진이 정신적인 수련과 깊은 명상에 의한 깨달음에서 존재의미를 찾는 수도사의 삶과 다를 바 없다고 생각하며, 평생 그 길로 매진했다. 그런 르코르뷔지에가 마주한, 건축에서의 자유로운 공기와 충만한 빛은 너무나 소중히 다뤄야 할 주제였다. 그에게 건축이란 시간과 중력, 공간, 빛 같은, 사물들의 질서를 조심스럽게 구축하는 보이지 않는 법칙을 표현하는 것이면서 그 안에 사는 너무나 소중한 인간을 위한 것이었기 때문이다.

개인적으로 지속해오던 르코르뷔지에 건축에 관한 연구를 또 한 번 묶은, 그에 대한 다섯 번째 책을 내가 재직하며 학생들과 건축을 교감하고 있는 경희대학교 출판문화원에서 내게 되어 감사하다. 이전에 뮤지엄 건축과 관련한 주제 등 세 권의 책을 경희대학교 출판문화원에서 발간했는데, 여일한 정성과 꼼꼼함으로 잘 만들어주셔서 늘 고마운 마음을 가지고 있었다. 책을 잘 읽지 않는 오늘날의 세태에서 세상의 빛을 보기 쉽지 않은 건축 전문서적의 출간을 대학과 사회의 학술문화 진흥을 위해 기꺼이 맡아주신 의미에 이 책이 작은 보답이 되기를 바란다.

- 주 -

프롤로그

1. "Nous avons pris le goût de l'air libre et de la pleine lumière." Le Corbusier, *Vers une Architecture*, 1995, Arthaud, p. 70.

2. 프랑스의 심리학자, 수학자, 과학자, 신학자, 발명가, 작가, 철학자. 파스칼의 유고집 《팡세*Pensées*, 1669년 발간》에서 "인간은 생각하는 갈대"라는 명언을 남긴 그는 파스칼의 법칙과 파스칼 삼각형 같은 현대 수학과 물리학 발전에 기여한 연구를 남겼다. 그가 개발한 확률 이론의 초기 형태는 르코르뷔지에가 자신의 건축 및 도시 이론을 정립하는 데 많은 도움을 받은 현대 통계학과 확률론의 기초가 됐다.

3. 프랑스의 철학자, 수학자, 과학자로 근대 철학의 아버지, 해석기하학의 창시자로 불린다. 데카르트는 합리론의 대표주자로서 대표 저서 《방법서설*Discours de la méthode*, 1637년 발간》에서 "나는 생각한다, 고로 존재한다.*Cogito, ergo sum*"라는 명언을 남겼다. 그는 자신의 존재를 의심하고, 자신이 의심하는 것을 인식한다는 사실을 강조하며 철학적 의심의 기초를 제시했고, 이것이 인간의 인지적 실재를 입증하는 기초가 될 수 있다고 주장했다.

4. Cunard Line 또는 Cunard White Star Line으로도 알려진 영국의 선박 운영회사인 큐나드 라인 Cunard Line의 여객선이다. 가장 유명한 항로 중 하나는 큐나드 아틀랜틱 루트Cunard Atlantic Route로, 이 항로는 대서양을 가로지르며 리버풀과 뉴욕으로 대표되는 영국과 북미 사이의 여객선 서비스를 제공했다.

5. 다양한 측면에서 지속가능한 건축은 건축물이 자연환경에 최소한의 영향을 미치도록 디자인되어야 한다는 환경 친화성, 사회적인 측면에서도 공정하고 책임감 있는 방식으로 건설되어야 한다는 사회적 공정성, 건축물의 건설과 운영에서의 경제적 지속가능성, 거주자들의 건강과 편안함을 고려한 설계, 특정 지역의 기후, 지형, 문화적 특성 등을 고려하여 설계되어야 하는 지역적 적응성 같은 원칙을 포함한다.

6. 최근 들어 롱샹 성당의 남측 벽 창들 중 바닥에 닿는 창의 바닥과 세 개 다 구석진 모서리인 소채플들의 바닥, 미사 때 장의자를 들여 앉을 자리를 추가하는, 라투레트 수도원 부속성당 제단 뒤편의 벽면 등에 인공광이 설치됐지만, 그 존재감을 최소화해 인공광 도입 전과 후를 답사해본 필자가 차이를 느낄 수 없을 만큼 처음의 빛 분위기를 고수하고 있다.

7. Dominique Lyon, *Le Corbusier alive*, Vilo Publishing, 2000, p. 132.

8. Nicolaus Pevsner, 《유럽 건축사 개관》, 김복지 외 3인 역, 태림문화사, 2000, 394쪽.

9. Alexander Tzonis, *Le Corbusier, the Poetics of Machine and Metaphor*, Universe, 2001, pp. 174–176. 《카사벨라》의 1956년 1/2월호에 롱샹 성당에 관한 이 두 비평가의 토론이 실려 있다.

10. 탄소중립은 인간의 활동에 의한 온실가스 배출을 최대한 줄이고, 남은 온실가스는 흡수(산림 등), 제거해서 실질적인 배출량이 0이 되는 개념이다. 대한민국 정책브리핑(www.korea.kr) 참조.

11. 파리가 세계 문화예술의 중심지였던 19세기 말과 20세기 초의 프랑스 미술학교인 에콜 데 보자르는 회화, 조각, 판화 같은 순수예술과 함께 유일하게 건축을 교육하는 교육기관으로 그 교육방식과 내용은 유럽을 넘어 남북미 대륙에까지 영향을 미쳤다. 이 학교의 건축교육과 그에 따른 보자르 양식의 내용과 문제점에 대해서는 이관석, 《르코르뷔지에의 건축 수업》, 문운당, 2018, 14–24쪽 참조.

12. Le Corbusier, 《오늘날의 장식예술》, 이관석 역, 동녘, 2007, 206쪽.

13. Le Corbusier, 《르 코르뷔지에의 동방여행》, 최정수 역, 안그라픽스, 2010, 20쪽.

14. Alain de Botton, 《행복의 건축》, 정영목 역, 도서출판 이레, 2007, 256–265쪽에 르코르뷔지에의 도시계획에 대한 스위스 철학자, 소설가, 수필가인 저자가 제기한 문제점이 나온다.

Chapter 1 르코르뷔지에의 종교건축 예배공간에 유입된 자연광의 역할과 의미

1. Michel Ragon, *Histoire de l'architecture et de l'urbanisme moderne*, tome 2, Casterman, 1986, p.74. 라공은 여기서 모더니즘에 이르러 물질과 공간과 빛이라는 건축의 세 핵심요소의 위상 변화를 설명한다.

2. 독일의 현상학자인 하이데거Martin Heidegger, 1889–1976의 철학적 개념에 영향을 받은 현상학적 건축론은 건축물과 그 경험에 중점을 둔 철학적인 접근 방식으로 건축물이나 환경을 단순히 기능적인 측면뿐만 아니라 개인의 감각, 경험, 감정 등과 연관시키며 건축물을 이해하고 해석하려는 시각을 보인다.

3. Steven Holl, 〈스티븐 홀 설계 '대양역사관' 개관〉, 김미리 기자 인터뷰, chosun.com 2012. 6. 6.

4. 아르누보 화가이자 건축가이자 조각가였던 스승은 건축을 싫어하며 화가가 되고 싶었던 제자에게 "너는 화가가 되기에는 자질이 부족하다."라는 극언까지 하며 건축가의 길로 유도했다. Hugues Desalles, "The Final Year, Le Corbusier's last recorded interview", 1965 in Ivan Žaknić, *The Final Testament of Père Corbu*, Yale University Press, 1997, pp.105–106.

5. Le Corbusier, 《프레시지옹》, 정진국 · 이관석 공역, 동녘, 2004, 17쪽.

6. 시인 아폴리네르Guillaume Apollinaire, 1880–1918로 대표되는, 회화 예술을 새롭게 한 입체파 그림처럼 시를 새롭게 하기를 원한 20세기 초의 시적 흐름을 말하는 '새로운 정신'에서 따온 용어로 르코르뷔지에가 화가 오장팡Amédée Ozenfant, 1886–1966, 시인 데르메Paul Dermée, 1886–1951와 함께 1920년 10월부터 1925년 1월까지 28회 발행한, "현대 활동에 관한 삽화가 있는" 문학 및 예술잡지다. 불과 2년 전인 1918년에 끝난 제1차 세계대전의 불행에서 벗어나 조형예술과 광범위하게 연계된 관심 분야에서 지적 활동의 새로운 경향들을 드러내기 위해 회화, 조각, 건축, 음악, 무용, 문학, 철학, 경제학과 응용학이 망라되어 다뤄졌다. 최대 6,500부까지 발행된 것으로 알려졌으며, 멀리 미국과 일본에까지 정기 구독자가 있었다.

7. Le Corbusier, *Le Corbusier Oeuvre complète*, volume 3 · 1934–38, Zurich, Editions Girsberger, 1985, p.14.

8. Le Corbusier & François de Pierrefeu, 《인간의 집》, 미건사, 2000, 15, 27, 54, 60 & 70쪽. 르코르뷔지에는 이 책에서 서구 휴머니즘에 관한 전통 계보에 선 문명론으로 자본주의가 갖는 구조적 결함, 빈곤한 주택 정책, 주변 환경 파괴, 과잉 생산과 소비 등 오늘날에도 여전한 문제점들과 함께 건설 장소에 대한 방향, 건축가의 임무와 각오 등을 밝혔다.

9. Le Corbusier, 《프레시지옹》, 정진국 · 이관석 공역, 동녘, 2004, 155쪽.

10. Le Corbusier, 《도시계획》, 정성현 역, 2003, 174쪽.

11. Le Corbusier, 《르코르뷔지에의 사유》, 정진국 역, 열화당, 2013, 46쪽.

12. 이 시각으로 뉴욕을 바라본 책이 르코르뷔지에가 1935년에 처음 방문하고 쓴, 1937년에 초판이 발간된 《대성당들이 희었을 때*Quand les cathédrales étaient blanches*》다.

13. 《도시 구성》을 대신해 1912년에 발표한 보고서 《독일 장식예술운동에 대한 연구*Étude sur le mouvement d'art décoratif en Allemagne*》가 큰 주목을 받아 독일과 프랑스의 주요 일간지, 정기 간행물, 예술평론지에 개재됐으며 1914년에 책으로도 출간됐다.

14. C. Schnoor, *Le Corbusier's Practical Aesthetic of the City: The treatise 'La Construction des villes' of 1910/11*, Routledge, 2020.

15. Manfredo Tafuri, "Machine et mémoire: la ville dans l'Oeuvre de Le Corbusier" in *Le Corbusier une encylopédie*, Centre George Pompidou, Paris, 1990, pp.460–462.

16. 르코르뷔지에의 주도로 1928년에 창설되어 1959년까지 개최됐던 근대건축국제회의의 목표는 건축과 도시계획에 관한 토론과 연구를 촉진하며, 새로운 건축양식과 도시계획의 원칙을 개발하는 것이었는데, "현대 세계에서 충실하고 공정하고 끈질기고 세심하고 창조적인 도시계획 연구의 근간이 된"(《르코르뷔지에의 사유》, 48쪽) 주기적인 국제 대회를 통해 건축가들이 아이디어를 교환하고 협력할 수 있는 플랫폼을 제공했다.

17. Kenneth Frampton, *Modern Architecture: a critical history*, Thames and Hudson, 1992, p.180.

18. Le Corbusier, Quand les cathédrales étaient blanches, Bartillat, 2017, p.88.

19. Le Corbusier, 《아테네 헌장》, 이윤자 역, 기문당, 1995, 29–42쪽.

20. 로렌의 십자가Croix de Lorraine는 15세기 로렌 지방 앙주 공작의 상징이다. 로렌의 십자가는 앙주의 십자가 혹은 앙주-로렌의 십자가로 불리며, 세로선 하나에 짧고 긴 가로선 두 개가 교차하는 형상이다.

21. Le Corbusier, 《프레시지옹》, 정진국 · 이관석 공역, 동녘, 2004, 188–190쪽.

22. Le Corbusier, 《건축을 향하여》, 이관석 역, 동녘, 2002, 114쪽.

23. Le Corbusier, 《프레시지옹》, 정진국 · 이관석 공역, 동녘, 2004, 155쪽.

24. Le Corbusier, 《학생들과의 대화》, 봉일범 역, MGH Architecture Books, 2001, 59–61쪽.

25. Le Corbusier, 《건축을 향하여》, 이관석 역, 동녘, 2002, 183쪽.

26. Le Corbusier, 《아테네 헌장》, 이윤자 역, 기문당, 1995, 31쪽.

27. Le Corbusier, 《건축을 향하여》, 이관석 역, 동녘, 2002, 79쪽.

28. Le Corbusier, 《프레시지옹》, 정진국 · 이관석 공역, 동녘, 2004, 151쪽.

29. Le Corbusier, 《건축을 향하여》, 이관석 역, 동녘, 2002, 219쪽.

30. Laurent Beaudouin, 《느림의 건축을 위하여》, 문희 · 이관석 공역, 문운당, 2010. 106쪽.

31. Henri Ciriani, "Lumière de l'espace & Tableau des clartés", in *L'Architecture d'Aujourd'hui*, n°274, 1991, pp.76–83.

32. 근대건축 거장들 이후를 계승한 대가로 인정받는 루이스 칸이 르코르뷔지에를 존경했다는 점은 좀 더 설명이 필요하다. 르코르뷔지에 건축에서 단점을 주로 들추는 이들이 그 대안으로 자주 루이스 칸의 건축을 치켜세우기 때문이다. 루이스 칸은 50대 이후에 뒤늦게 탁월한 건축물을 여럿 남겼는데, 생존 시기가 겹침에도 두 거장이 한 번도 교제를 나누지 않은 것이 이례적이다. 르코르뷔지에를 향한 칸의 감정은, 르코르뷔지에의 찬디가르 프로젝트가 시작되던 1951년부터 인도인 건축가로서 르코르뷔지에의 설계사무실에서 일했고 이후 인도에서 활동하며 아마다바드Ahmedabad에 인도 경영 연구소Indian Institute of Management를 건설하는 임무를 맡아 이 일을 루이스 칸과 함께 수행한 도시Balkrishna Doshi, 1927–2023가 프리츠커 건축상을 받은 기념으로 남긴 인터뷰에 나온다. 도시는 칸이 르코르뷔지에를 무척 존경하면서도 그를 만나기를 부끄러워했다고 말했다. 실제로 그는 르코르뷔지에가 예일대학교에서 강연했을 때도 강당 뒤에서 듣기만 하고 인사를 나누지 않았다고 한다. 칸은 함께 일하던 도시가 루브르 미술관에서 거행된 르코르뷔지에의 국장國葬에 갔다 와서 칸을 만났을 때 "나는 이제 누구를 위해 일해야 하나?"라고 탄식했다(Balkrishna Doshi, "Maître & Modèles", in CORBU VU PAR, Pierre Mardaga Éditeur, 1987, p.73).

33. Le Corbusier, 《건축을 향하여》, 이관석 역, 동녘, 2002, 170쪽.

34. 위의 책, 49쪽.

35. 위의 책, 149쪽.

36. Le Corbusier, 《프레시지옹》, 정진국 · 이관석 공역, 동녘, 2004, 91–92쪽.

37. 공적인 집회 장소로 쓰이던 광장을 말한다.

38. 위의 책, 92쪽.

39. 위의 책, 33쪽.

40. Henri Ciriani, *Lumière de l'espace & Tableau des clartés*, L'Architecture d'Aujourd'hui, n°274, 1991, pp.76–83.

41. 고딕 건물에서 부벽扶壁과 주主 건물을 연결한 벽받이.

42. 이에 관한 연구로 이관석, 〈'건축적 산책' 개념으로 본 건축에서의 시 · 공간〉, 《프랑스학 연구》, 19권, 프랑스학회, 2000. 12, pp.173–194 참조.

43. Nicolas Fan, 《언덕 위 수도원》, 허유영 역, 컬처북스, 2013, 127쪽.

44. Arnold Houser, 《예술과 사회》, 한석종 역, 홍성사, 1981, 128쪽.

45. Jean-Louis Cohen, *Le Corbusier*, Taschen, 2004, p.65에서 재인용.

46. Alain Guiheux, *Frank O. Gehry, Projets en Europe*, album de l'exposition, Centre Georges Pompidou, 1991, pp.5–6.

47. 건물 전체나 일부를 지면에서 기둥으로 들어 올려 건물을 땅에서 분리해 조성된 아래 빈 공간 또는 그 기둥 부분을 말한다.

48. '물결치는 유리판'은 음악작품인 므타스타제Metastaseis, 1953-1954의 폴리리듬polyrhythm의 연구에서 비롯된 것으로, 폴리리듬은 동적인 파사드를 만들기 위하여 빛과 음영의 요소를 디자인한 것이다. 이홍규 · 박진호 · 조영호, 〈제나키스의 소리와 빛의 건축에 관한 연구〉, 대한건축학회논문집, vol.25 n°11, 2009, 162쪽.

49. Arthur Rüegg, *Le Corbusier, Moments in the Life of a great Architect*, Birkhäuser, 1999, p.72.

50. Le Corbusier, *Polychromie architecturale: Etude faite par un architecte(mêlé, d'ailleurs, à l'aventure de la peinture contemporaine) pour les architectes*, FLC B1(18), 1931.

51. Le Corbusier, 《르 코르뷔지에의 동방여행》, 최정수 역, 안그라픽스, 2010, 15쪽.

52. Le Corbusier, "Architecture d'époque machiniste", *Journal de psychologie normale et pathologique*, 정진국, 《르 코르뷔지에가 선택한 최초의 색채들》, 공간사, 2001, 89쪽에서 재인용.

53. 위의 책, 165쪽.

54. Le Corbusier, 《학생들과의 대화》, 봉일범 역, MGH Architecture Books, 2001. 100–101쪽.

55. 헬름홀츠H. von Helmholz는 적 · 녹 · 청색을 색채의 기본으로, 슈브를E. Chevreul은 적 · 청 · 황색을 순색이자 일차 색채로, 헤링H. Hering은 적색과 녹색이 색채 지각에 있어서 가장 강렬한 대립항이고, 청색과 황색은 색채라기보다 밝음과 어둠의 구별을 지시하는 대립항으로 보았다. 정진국, 《르 코르뷔지에가 선택한 최초의 색채들》, 공간사, 2001, 124쪽 참조.

56. 르코르뷔지에가 그린, 사별한 어머니와 아내 그림이 벽에 걸려 있는 르코르뷔지에 침실의 침대 머리맡에 성부 성자 성모가 그려진 커다란 그림이 걸려 있는 것으로 봐서 혼자가 된 르코르뷔지에가 말년에 종교에 의지했을 가능성은 있다.

57. Nicolas Fan, 《언덕 위 수도원》, 허유영 역, 컬처북스, 2013, 138–139쪽.

58. 위의 책, 74–75쪽.

59. 김광현, 《말하는 형태와 빛》, 안그라픽스, 2018, 191쪽에서 재인용.

60. 일반적으로 교회사에서 예외 없이 이단으로 정리하고 통칭했던 '카타르인들cathares'이 진정한 개혁 신앙인들이었음을 상세히 밝힌 책으로 권현익, 《16세기 종교개혁 이전 참교회의 역사》, 세움북스, 2019가 있다.

61. Jean–Louis Cohen, *Le Corbusier*, Taschen, 2004, p.65. 신성한 예술은 성스러운 것을 표현하는 것을 목적으로 하는 예술적 생산이나 실천(그림, 조각, 음악, 시, 춤 등)을 말한다. 종교건물도 정의상 신성한 예술에 해당한다.

62. 정진국, 《르 코르뷔지에가 선택한 최초의 색채들》, 공간사, 2001, 87쪽.

63. Le Corbusier, *Polychromie architecturale: Etude faite par un architecte(mêlé, d'ailleurs, à l'aventure de la peinture contemporaine) pour les architectes*, FLC B1(18), 1931.

64. 정진국, 《르 코르뷔지에가 선택한 최초의 색채들》, 공간사, 2001, 46쪽.

65. Le Corbusier, *Le Corbusier Oeuvre complète*, volume 6 · 1952–57, Zurich, Editions Girsberger, 1985, p.16.

66. Le Corbusier, 《프레시지옹》, 정진국 · 이관석 공역, 동녘, 2004, 242쪽.

67. 위의 책, 250쪽.

Chapter 2 르코르뷔지에 건축에서의 지속가능성 면모와 그 의미

1. Le Corbusier, 《프레시지옹》, 정진국 · 이관석 공역, 동녘, 2004, 142쪽 & Le Corbusier, *Quand les cathédrales étaient blanches*, Bartillat, 2017, p.38.

2. 〈코르뷔의 잘못인가"La faute à Corbu"〉와 〈지나가지 않은 과거"Un passé qui ne passe pas"〉라는 자극적인 제목으로 샤슬랭F. Chaslin과 드자르시X. de Jarcy가 현대의 대규모 주거단지에 내재된 문제점의 원인을 두고 벌인 논쟁처럼 상이한 시각이 공존한다. B. Mérigaud, "Le Corbusier, Le bâtisseur du XXe siècle", *Télérama*, hor–série, Europe 1, 2015, pp.36–45.

3. Le Corbusier, 《학생들과의 대화》, 봉일범 역, MGH Architecture Books, 2001, 91–94쪽.

4. Le Corbusier, 《르코르뷔지에의 사유》, 정진국 역, 열화당, 2013, 54쪽.

5. 르코르뷔지에의 유언 집행인인 메리고의 증언이다. B. Mérigaud, "Le Corbusier, Le bâtisseur du XXe siècle", *Télérama*, hor–série, Europe 1, 2015, p.39.

6. 1937년 엡스타인J. Epstein이 녹화한 필름에서, Ditto.

7. https://x.facebook.com/lecorbusierbyheidiweber/photos/a.491815374227592/4277198155689276/?type=3&source=48.

8. Le Corbusier, *Quand les cathédrales étaient blanches*, Bartillat, 2017, pp.38–41.

9. 1917년에서 1931년까지 네덜란드에서 발간된, 진보적인 예술가들이 비평, 이론, 성명서와 새로운 작품을 발표한 잡지 이름으로 근대예술의 새로운 방향을 토론하고 전파하는 매체의 역할을 했다. 몬드리안과 반 두스뷔르흐가 주축이 되어 이상적인 새로운 세계는 조형예술의 기본 요소들로부터 창조돼야 함을 주장했으며, 모든 예술의 통합으로 여긴 건축이 이 운동의 변화를 주도했다.

10. 르코르뷔지에와 미스 반데어로에와 함께 근대건축의 3대 거장 중 한 명으로 초대 교장이 된 그로피우스Walter Gropius, 1983–1969의 주도로 1919년 독일의 바이마르 장식예술학교와 미술학교가 통합되면서 주요 예술과 기술 및 건축의 통합, 수공업자와 예술가의 구분 불가, 건축의 공동작업을 목표로 설립되어 현대 응용예술학교의 본산으로 인정받는다. 영국공예운동Arts & Crafts Movement과 독일공작연맹의 정신을 이어받고 이탈리아의 미래주의, 러시아 절대주의, 네덜란드의 데 스틸 같은 주요 근

대주의 운동의 정신을 계승해 기능적이고 대량생산에 적합한 형을 추구하여 장식을 배제하고 기계의 시대적 가치를 핵심으로 삼은 바우하우스 양식Bauhausstil을 탄생시켰다.

11. H.-R. Hitchcock & P. Johnson, "The International Style" in *Functional Architecture*, Benedikt Taschen, 1990, PP.10–30.

12. F. L. Wright, "The Cardboard House" in *Modern Architecture: Being the Kahn Lectures for 1930*, Princeton University Press, 2008, p.65.

13. Le Corbusier, 《오늘날의 장식예술》, 이관석 역, 동녘, 26쪽.

14. 이관석, 『르코르뷔지에의 건축 수업』, 문운당, 2018, 76–98쪽.

15. Le Corbusier, *Almanach d'Architecture Moderne*, Les Éditions Crès et Cie., 1925.

16. Le Corbusier, 《학생들과의 대화》, 봉일범 역, MGH Architecture Books, 2001, 91–94쪽.

17. Le Corbusier, 《프레시지옹》, 정진국 · 이관석 공역, 동녘, 2004, 48쪽.

18. Le Corbusier, 《학생들과의 대화》, 봉일범 역, MGH Architecture Books, 2001, 91–94쪽.

19. Le Corbusier, 《르 코르뷔지에의 동방여행》, 최정수 역, 안그라픽스, 2010, 22–28쪽.

20. Le Corbusier & DE PIERREFEU, François, 《인간의 집》, 손세욱 역, 미건사, 2000, 106쪽.

21. Le Corbusier, 《프레시지옹》, 정진국 · 이관석 공역, 동녘, 2004, 59 & 76쪽.

22. Le Corbusier, 《작은 집》, 이관석 역, 열화당, 2012, 45–49쪽.

23. "휴가에서 잘 돌아오셨고 곧 푸아시를 방문해주실 것을 기대합니다. 현관과 경사로에 비가 내리고, 주차장 벽도 흠뻑 젖었습니다. 또 비가 올 때마다 제 욕실에도 비가 새어 침수됩니다. 천창을 통해 비가 들어오네요. (공중) 정원에도 물이 가득 찹니다. 이 모든 것을 해결해주시기 바랍니다."

24. Le Corbusier, 《프레시지옹》, 정진국 · 이관석 공역, 동녘, 2004, 58쪽.

25. 위의 책, 71–73쪽.

26. 위의 책, 33쪽,

27. 위의 책, 57쪽.

28. Le Corbusier, 《건축을 향하여》, 이관석 역, 동녘, 2002, 138쪽.

29. Le Corbusier, *Le Corbusier Oeuvre complète*, volume 1 · 1910–29, Zurich, Editions Girsberger, 1985, p.128.

30. Le Corbusier, 《건축을 향하여》, 이관석 역, 동녘, 2002, 11쪽.

31. 위의 책, 27쪽.

32. 루이 14세 치하였던 1663년부터 회화와 조각을 전공한 학생들에게 주어진 프랑스 국가장학금으로 1720년에는 건축, 1803년에는 음악, 1804년에는 판화를 전공한 학생들에게도 수여되다가 1968년 문화혁명의 여파로 당시 문화부 장관이던 앙드레 말로André Malraux, 1901–1976에 의해 폐지됐다. 건축 부문 수상자는 고전주의의 원천으로 여겨졌던 로마에서 국가 장학생으로 3년에서 5년 동안 유

학하며 에콜 데 보자르가 건축의 가장 위대하고 영원한 진리로 봤던 위엄 있는 고전주의를 연구했다.

33. Henri-Paul Nénot, *l'Intransigeant*, Déc. 1927 & Les Annales, Jan. 1928. Le Corbusier, *Une Maison-un Palais, à la recherche d'une unité architecturale*, Les Éditions G. CRÈS et Cie, 1929, p.172 & p.173에서 인용.

34. Le Corbusier, 《학생들과의 대화》, 봉일범 역, MGH Architecture Books, 2001, 51쪽.

35. Le Corbusier, 《르코르뷔지에의 사유》, 정진국 역, 열화당, 2013, 31–32쪽.

36. 표준과 유형에 대한 르코르뷔지에의 관점에 대해서는 이관석, 《건축, 르코르뷔지에의 정의》, 동녘, 2011, 98–103쪽 참조.

37. Le Corbusier, 《건축을 향하여》, 이관석 역, 동녘, 2002, 145–146쪽.

38. 위의 책, 148쪽.

39. 위의 책, 155쪽.

40. 위의 책, 145쪽.

41. Le Corbusier, 《오늘날의 장식예술》, 이관석 역, 동녘, 2007, 87쪽.

42. 위의 책, 139쪽.

43. Le Corbusier, 《프레시지옹》, 정진국 · 이관석 공역, 동녘, 2004, 126–127쪽.

44. 건축재료 등의 산업 제품을 경제적으로 양산하거나 건축물의 설계 또는 조립 시에 적용하는 기준이 되는 치수 · 단위가 모듈인데, 모든 재료나 부재가 이 모듈 치수의 배수가 되도록 격자 시스템을 이용해 설계하는 방법이 모듈러 시스템이다.

45. 위의 책, 274–275쪽.

46. 위의 책, 215쪽.

47. Maurice Besset, *Le Corbusier*, Skira, 1987, p.189.

48. 르코르뷔지에의 인간 척도를 고려한 건축에 대해서는 이관석, 《르코르뷔지에의 건축 수업》, 문운당, 2018, 201–209쪽 참조.

49. 자연 현상에서 조형물의 균형미나 조화미를 찾고자 노력한 고대 그리스 사람들이 가장 아름다운 비율로 제시한 황금비 또는 황금분할은 어떤 두 수의 비율이 그 합과 두 수 중 큰 수의 비율과 같도록 하는 비율로, 근사값이 약 1.618(대략 3:5)인 무리수다.

50. 앞의 두 수치를 합하면 그 다음 수치가 되는 피보나치 수열을 찾기 위해 기본 신장이 실제 프랑스 남자의 평균치보다 더 큰 1.829미터로 설정됐다. 팔을 들어 올린 손끝 높이를 2.28미터로, 그 중간 높이인 1.13미터를 배꼽 높이로 잡았다. 두 열의 피보나치 수열 가운데 붉은 계열이라고 불리는 첫 번째는 인체의 배꼽 높이, 머리 꼭대기의 높이 같은 인체 치수를 생성한다. 파란 계열이라고 불리는 두 번째 계열은 첫 번째 절에서 황금비section d'or를 빼서 얻은 치수로 구성되어 있다.

51. 1955년에는 《모듈2*Modulor2*》가 발간됐다.

52. Le Corbusier, 《학생들과의 대화》, 봉일범 역, MGH Architecture Books, 2001, 71쪽.

53. 이 도식은 우주의 질서를 반영하는 소우주라는 이상적 인간에 대한 다빈치의 관념을 드러낸다. 이상적 인간의 두 팔을 벌린 길이는 신장과 같고, 양다리를 신장의 1/4만큼 벌리고 팔을 뻗쳐 중지를 정수리까지 올린 후 두 중지 끝과 벌려진 다리의 발바닥에 외접하는 원을 그리면 그 중심에 배꼽이 있다. 이때 배꼽과 두 다리 사이의 공간은 이등변 삼각형이 된다. 인체의 외곽에 그려진 정사각형과 원은 다빈치의 의도를 정확히 증명한다.

54. 임성훈 · 이동훈, 〈Le Corbusier의 Modulor에 드러난 조화의 의미〉, 대한건축학회논문집, 제26권 제3호, 2010, 95–102쪽.

55. Le Corbusier, 《르코르뷔지에의 사유》, 정진국 역, 열화당, 2013, 21쪽. 후반 문장은 이 책의 번역자인 정진국 교수의 주해다. 같은 책, 64쪽.

56. 태양 전지에서 생성된 직류 전력을 주택 및 기업용 전력 그리드에 연결할 수 있는 교류 전력으로 변환하는 장치.

57. Le Corbusier, 《프레시지옹》, 정진국 · 이관석 공역, 동녘, 2004, 81쪽.

58. Le Corbusier, *Le Corbusier Oeuvre complète*, volume 5 · 1946–52, Editions Girsberger, 1985, pp.112–113.

59. Le Corbusier, *Le Corbusier Oeuvre complète*, volume 6 · 1952–57, Editions Girsberger, 1985, p.50.

60. Le Corbusier, 《르코르뷔지에의 사유》, 정진국 역, 열화당, 2013, 16–17쪽.

61 https://www.architecturaldigest.in/story/chandigarhs-capitol-complex-built-by-le-corbusier-is-an-interplay-of-edifices-and-symbols.

62. Le Corbusier, 《학생들과의 대화》, 봉일범 역, MGH Architecture Books, 2001, 67쪽.

63. Arthur Rüegg, *Le Corbusier, Moments in the Life of a Great Architect*, Birkhäuser, 1999, p.72 & p.122. 뤼에그는 르코르뷔지에와 동행하며 롱샹 성당과 라투레트 수도원을 포함해 르코르뷔지에가 설계한 다수 건축물의 인물 사진을 겸한 건설 장면과 완공 후의 사진을 찍은 스위스 사진작가 버리 René Burri, 1933–2014의 르코르뷔지에 사진집을 편찬하면서 라투레트 수도원의 수도사들 방에 있는 발코니의 차양 기능을 실감했다.

64. 르코르뷔지에가 UN 본부 계획안 수립을 위해 각국을 대표해 파견된 건축가들을 주도하며 직접 그린 60여 장의 계획안이 담긴 스케치북은 1948년에 보스턴에서 분실됐다가 1950년에야 발견됐다. 결국 UN의 운영비 상당 부분을 감당하는 미국의 건축가가 대표 건축가가 된 데 대해 프랑스 외무성이 공식 항의하기도 했다.

65. Le Corbusier, 《르코르뷔지에의 사유》, 정진국 역, 열화당, 2013, 35–36쪽.

66. Le Corbusier, *Le Corbusier Oeuvre complète*, Volume 7 · 1957–65, Editions Girsberger, 1985, p.69.

67. Le Corbusier, *Le Corbusier Oeuvre complète*, volume 6 · 1952–57, Editions Girsberger, 1985, p.50.

68. Le Corbusier, *Le Corbusier Oeuvre complète*, volume 5 · 1946–52, Editions Girsberger,

1985, p.113.

69. 불어 portique는 입구 또는 통로로 사용되는 구조물을 말한다.

70. Le Corbusier, *Le Corbusier Oeuvre complète*, Volume 7 · 1957–65, Editions Girsberger, 1985, p.91.

71. 위의 책, p.83.

72. 그림자 탑 연구 과정에 대해서는 Daniel Siret, *Le Corbusier Plans. 1950–Studies in Sunlight –Tower of Shadows(Chandigarh)*, 2006(https://shs.hal.science/halshs-01249639/document) 참조.

73. Le Corbusier, in https://hiddenarchitecture.net/tower-of-shadows.

74. Le Corbusier, *Le Corbusier Oeuvre complète*, volume 6 · 1952–57, Editions Girsberger, 1985, p.144.

75. 위의 책, p.114.

76. W. Boesiger, *Le Corbusier*, Birkhauser, 1988, p.94.

77. 르코르뷔지에는 파리 북서쪽에 면한 도시인 낭테르Nanterre에 이 개념을 따른 박물관 건립을 주도한 문화부 장관 앙드레 말로André Malraux, 1901–1976로부터 20세기 박물관Musée du XXe siècle 계획안 수립을 의뢰받고 의욕적으로 기본안을 작성하던 중 그해 여름 갑자기 사망해 중단됐다.

78. 기후에 대응한 '무한성장박물관' 개념의 변주에 대해서는 이관석, 〈르 꼬르뷔지에의 무한성장박물관 연구〉, 대한건축학회논문집, vol.23, n°7, 2007, 123–128쪽 참조.

79. Le Corbusier, *Le Corbusier Oeuvre complète*, volume 6 · 1952–57, Editions Girsberger, 1985, p.122.

80. 르코르뷔지에의 대각선적으로 상승하거나 하강하는 공간 특성에 관한 연구로 Henri Ciriani & Claude Vié, *l'Espace de l'Architecture Moderne*, Rapport final de Recherche, Ministère de l'Urbanisme, du Logement et des Transports, 1989 참조.

81. 인도의 델리에 있는 성으로 성채가 적색 사암으로 축조되어 델리 성 레드 포트라 불린다. 유네스코 문화유산으로, 델리 북쪽 갠지스강의 지류인 야무나Yamuna 강변에 위치한 제7의 도성 샤자하나바드Shahjahanabad 동쪽에 '세계의 왕'이라는 뜻을 가진 샤 자한 황제Shâh Jahân, 1592–1666가 1639년에 건설을 시작했으며 1648년에 완공되어 아그라Agra 성에서부터 이곳으로 천도했다.

82. 티무르Timur의 후손인 바부르Bâbur, 1483–1530가 1526년 델리 지역에 세운 왕조로 아크바르Akbar, 1542–1605 대제 때 인도 북부와 아프가니스탄 지역에 이르는 대제국을 건설하며 전성기를 누리다가 아우랑제브Aurangzeb, 1618–1707 황제 때는 인도 역사상 가장 넓은 영토를 차지했다. 이때부터 이슬람 제일주의를 시행하다가 비이슬람 세력의 반발을 불러일으켰으며, 시파 반란la Révolte des Cipayes, 1857–1858 이후 영국은 그때까지 인도의 통치자로 남아 있었던 마지막 무굴 제국 황제를 추방했다.

83. 이관석, 〈르 꼬르뷔지에의 무한성장박물관 연구〉, 대한건축학회논문집, vol.23, n°7, 2007, 123–128쪽.

84. '기후 일람표'에 관한 설명은 *Le Corbusier, Le Corbusier Oeuvre complète*, volume 6 · 1952–57, Editions Girsberger, 1985, p.108 참조.

85. Le Corbusier, 《프레시지옹》, 정진국 · 이관석 공역, 동녘, 2004, 275쪽.

86. 위의 책, p.108–113.

87. V3는 도시 내 자동차 순환로로서 좌우에 인도가 없기 때문에 보행자가 없어 경로를 따라 열리는 문도 없다. "서비스 스테이션stations-service"만 해당 지점에 설치되어 있다. 7 Vs에 대해서는 Le Corbusier, *Le Corbusier Oeuvre complète*, volume 5 · 1946–52, Zurich, Editions Girsberger, 1985, pp.91–92 참조.

88. 지구地區 간 교역로인 V4는 V3에서 갈라져 나와 가족과 개인의 삶에 다가오는 길이다. 이것은 "전형적인 살아 있는 도로rue vivante par excellence"로서 전통적인 대로에 해당한다.

89. H. Allen Brooks(General Editor), *Le Corbusier Chandigarh: City and Musée*, The Le Corbusier Archive, Fondation Le Corbusier, 1983, pp.63–93.

90. V6은 높이 50미터의 수직적 자치체인 위니테 다비타시옹 안에 3개 층마다 하나씩 있는 '내부 가로 rue intérieure'다. 여가활동을 위한 간선도로인 V7은 V6, V4와 연결되어 몸과 마음을 양육하는 데 전념하는 장소와 공간, 즉 학교, 청소년 작업실, 클럽, 운동장 등과 연계된 녹지를 위한 길이다. 이 책에서는 거론되지 않는 V1은 시외 고속도로, V2는 도시 교통의 간선도로, V5는 주택까지 이르는 도로다.

에필로그

1. 르코르뷔지에가 다수의 저서와 강연에서 여러 관점으로 건축을 정의한 것을 물질적 측면에서의 건축, 정신적 측면에서의 건축, 감동으로서의 건축으로 정리한 책인 이관석, 《건축, 르코르뷔지에의 정의》, 동녘, 2011 참조.

2. Le Corbusier, 《르코르뷔지에의 사유》, 정진국 역, 열화당, 2013, 35쪽.

3 1950년대 영국에서 제2차 세계대전 후 재건 프로젝트에서 등장한 근대건축의 한 양식으로 건축물의 원재료와 구조를 드러낸다. 이 스타일은 일반적으로 노출되고 도장되지 않은 콘크리트나 벽돌, 각진 기하학적 모양 등을 통해 무겁고 견고한 외관을 지녀 "brutus(거친)"라는 불어 단어에서 파생된 이름을 얻게 됐다. 1950년대 이후 르코르뷔지에의 작업 대다수도 브루탈리즘의 특성을 지녔다.

4. Le Corbusier, 《학생들과의 대화》, 봉일범 역, MGH Architecture Books, 2001, 66쪽.

- 참고 문헌 -

논문 및 단행본

권현익, 《16세기 종교개혁 이전 참교회의 역사》, 세움북스, 2019.

권혜주, 〈르 꼬르뷔제의 전면유리벽과 관련한 기술적 도전에 관하여〉, 한국문화공간건축학회논문집, vol.70, 2020.

김광현, 《말하는 형태와 빛》, 안그라픽스, 2018.

이관석, 〈'건축적 산책' 개념으로 본 건축에서의 시·공간〉, 《프랑스학 연구》, 19권, 프랑스학회, 2000. 12.

이관석, 〈르 꼬르뷔지에의 무한성장박물관 연구〉, 대한건축학회논문집, vol.23, n°7, 2007.

이관석, 《건축, 르코르뷔지에의 정의》, 동녘, 2011.

이관석, 〈르코르뷔지에의 종교건축 예배공간에 유입된 자연광의 역할과 의미〉, 대한건축학회논문집, vol.33, n°8, 2017.

이관석, 《르코르뷔지에의 건축 수업》, 문운당, 2018.

이관석, 〈르코르뷔지에 건축의 친환경적 면모와 그 의미〉, 대한건축학회논문집, vol.35, n°6, 2019.

이홍규·박진호·조영호, 〈제나키스의 소리와 빛의 건축에 관한 연구〉, 대한건축학회논문집, vol.25, n°11, 2009.

이길임, 〈르코르뷔지에의 '새로운 건축의 다섯 가지 요점'의 재해석〉, 한국문화공간건축학회논문집, vol.82, 2023.

임성훈·이동훈, 〈Le Corbusier의 Modulor에 드러난 조화의 의미〉, 대한건축학회논문집, vol.26, n°3, 2010.

정진국, 《르 코르뷔지에가 선택한 최초의 색채들》, 공간사, 2001.

DE BOTTON, Alain, 《행복의 건축》, 정영목 역, 도서출판 이레, 2007.

BEAUDOUIN, Laurent, 《느림의 건축을 위하여》, 문희·이관석 공역, 문운당, 2010.

FAN, Nicolas, 《언덕 위 수도원》, 허유영 역, 컬처북스, 2013.

HOLL, Steven, 〈스티븐 홀 설계 '대양역사관' 개관〉, 김미리 기자 인터뷰, chosun.com. 2012. 6. 6.

HOUSER, Arnold, 《예술과 사회》, 한석종 역, 홍성사, 1981.

LE CORBUSIER, 《아테네 헌장》, 이윤자 역, 기문당, 1995.

LE CORBUSIER & DE PIERREFEU, François, 《인간의 집》, 손세욱 역, 미건사, 2000.

LE CORBUSIER, 《학생들과의 대화》, 봉일범 역, MGH Architecture Books, 2001.

LE CORBUSIER, 《건축을 향하여》, 이관석 역, 동녘, 2002.

LE CORBUSIER, 《도시계획》, 정성현 역, 2003.

LE CORBUSIER, 《프레시지옹》, 정진국 · 이관석 공역, 동녘, 2004.

LE CORBUSIER, 《오늘날의 장식예술》, 이관석 역, 동녘, 2007.

LE CORBUSIER, 《르 코르뷔지에의 동방여행》, 최정수 역, 안그라픽스, 2010.

LE CORBUSIER, 《작은 집》, 이관석 역, 열화당, 2012.

LE CORBUSIER, 《르코르뷔지에의 사유》, 정진국 역, 열화당, 2013

PEVSNER, Nicolaus, 《유럽 건축사 개관》, 김복지 외 3인 역, 태림문화사, 2000.

해외 문헌

BESSET, Maurice, *Le Corbusier*, Skira, 1987.

BOESIGER, W., *Le Corbusier*, Basel, Birkhaüser, 1988.

BROOKS, H. Allen(General Editor), *Le Corbusier Chandigarh: City and Musée*, The Le Corbusier Archive, Fondation Le Corbusier, 1983.

CIRIANI, Henri & VIÉ, Claude, *l'Espace de l'Architecture Moderne*, Rapport final de recherche, Ministère de l'Urbanisme, du Logement et des Transports, 1989.

CIRIANI, Henri, "Lumière de l'espace & Tableau des clartés", in *L'Architecture d'Aujourd'hui*, n°274, 1991.

COHEN, Jean-Louis, *Le Corbusier*, Taschen, 2004.

DOSHI, Balkrishna, "Maître & Modèles", in *CORBU VU PAR*, Pierre Mardaga Éditeur, 1987.

DURAND, Jean-Nicolas-Louis, *Précis des leçons d'architecture données à L'École polytechnique*, Legare Street Press, 2022.

FRAMPTON, Kenneth, *Modern Architecture: a critical history*, Thames and Hudson, 1992.

GUIHEUX, Alain, *Frank O. Gehry, Projets en Europe*, album de l'exposition, Centre Georges Pompidou, 1991.

HITCHCOCK, H.-R. & JOHNSON, P., "The International Style" in *Functional Architecture*, Cologne, Benedikt Taschen, 1990.

HUGUES, Desalles, "The Final Year, Le Corbusier's last recorded interview", 1965 in Ivan Žaknić, *The Final Testament of Père Corbu*, Yale University Press, 1997.

LE CORBUSIER, *Almanach d'Architecture Moderne*, Paris, Les Éditions G. CRÈS et Cie., 1925.

LE CORBUSIER, *Une Maison-un Palais, à la recherche d'une unité architecturale*, Les Éditions G. CRÈS et Cie, 1929.

LE CORBUSIER, *Polychromie architecturale: Etude faite par un architecte(mêlé, d'ailleurs, à l'aventure de la peinture contemporaine) pour les architectes*, FLC B1(18), 1931.

LE CORBUSIER, *Le Modulor-Essai sur une mesure harmonique à l'échelle humaine applicable universellement à l'architecture et à la mécanique*, Denoël, 1977.

LE CORBUSIER, *Le Corbusier Oeuvre complète*, volume 1 · 1910-29, Zurich, Editions Girsberger, 1985.

LE CORBUSIER, *Le Corbusier Oeuvre complète*, volume 3 · 1934-38, Zurich, Editions Girsberger, 1985.

LE CORBUSIER, *Le Corbusier Oeuvre complète*, volume 5 · 1946-52, Zurich, Editions Girsberger, 1985.

LE CORBUSIER, *Le Corbusier Oeuvre complète*, volume 6 · 1952-57, Zurich, Editions Girsberger, 1985.

LE CORBUSIER, *Le Corbusier Oeuvre complète*, Volume 7 · 1957-65, Zurich, Editions Girsberger, 1985.

LE CORBUSIER, *Quand les cathédrales étaient blanches*, Bartillat, 2017.

LUCAN, Jacques, "Tout est commencé là ...", in *Le Corbusier, une encyclopédie*, Centre Georges Pompidou, 1987.

LYON, Dominique, *Le Corbusier alive*, Vilo Publishing, 2000.

MÉRIGAUD, B., "Le Corbusier, Le bâtisseur du XXe siècle", *Télérama, hor-série*, Europe 1, 2015.

RAGON, Michel, *Histoire de l'architecture et de l'urbanisme moderne*, tome 2, Casterman, 1986.

RÜEGG, Arthur, *Le Corbusier, Moments in the Life of a Great Architect*, Birkhäuser, 1999.

SCHNOOR, C., *Le Corbusier's Practical Aesthetic of the City: The treatise 'La Construction des villes' of 1910/11*, Routledge, 2020.

SIRET, Daniel, *Le Corbusier Plans. 1950–Studies in Sunlight–Tower of Shadows*(*Chandigarh*), 2006(https://shs.hal.science/halshs-01249639/document).

TAFURI, Manfredo, "Machine et mémoire: la ville dans l'Oeuvre de Le Corbusier" in *Le Corbusier une encylopédie*, Centre George Pompidou, Paris, 1990.

WOGENSKY, André, *Le Corbusier's Hand*, The MIT Press, 2006.

WRIGHT, F. L., "The Cardboard House", *Modern Architecture: Being the Kahn Lectures for 1930*, Princeton, Princeton University Press, 2008.

VAN EYCK, A., *Architectural Design 12*, vol. XXXII, Dec., 1962.

TZONIS, Alexander, *Le Corbusier, the Poetics of Machine and Metaphor*, Universe, 2001.

https://hiddenarchitecture.net/tower-of-shadows.

https://shs.hal.science/halshs-01249639/documenthttps://www.architecturaldigest.in/story-chandigarhs-capitol-complex-built-by-le-corbusier-is-an-interplay-of-edifices-and-symbols.

https://x.facebook.com/lecorbusierbyheidiweber/photos/a.491815374227592/4277198155689276/?type=3&source=48.

- 사진 출처 -

김은광 147(위), 149(위), 152, 161(위); 이관석 7, 8, 21(아래), 24, 26(위), 27(위와 아래), 28(왼쪽과 오른쪽), 33, 42, 48(아래), 49, 50(위, 오른쪽), 50(아래), 51, 54(위와 아래), 55(왼쪽), 57(왼쪽과 가운데와 오른쪽), 58, 59(아래), 60, 62, 64(왼쪽과 오른쪽), 65(위와 가운데), 76(위와 가운데와 아래), 77, 78, 79(위), 80, 81(위와 아래), 84(아래), 105, 106, 107(위와 아래), 110, 119, 121, 126, 128(왼쪽), 132(아래), 137(위), 140, 142(가운데), 145, 146(위와 아래), 147(아래), 148, 149(아래), 155, 156(위와 아래), 158(위와 아래), 160(가운데, 왼쪽), 161(아래), 166, 167; 이다은 43(오른쪽), 50(위, 왼쪽), 55(오른쪽); 이다혜 45(위, 아래), 48(가운데), 53, 59(위, 왼쪽), 86, 87

commons.wikimedia.org.wiki/Category:Images 위키피디아

Agence de presse Meurisse 97; duncid 138(위); Flibust1er 63(아래), 79(아래); Harrieta171 37; Henk Bekker 65(아래); Imatges, algunes lle 144; Joseph 132(위); jpm 21(위); Michel-georges bernard 52(위); LauterGold 133(아래); Lian Chang 134; Ludvig14 94; Mith Huang 20; Nicolas.iyadurai 139; Paul Keller 129(위); Roberto Fiadone 130; Roland zh 151; Shanmugamp7 136; Vassil 113; vizcayado.blogspot.com 157(위); Walwyn 43(왼쪽); 584924_960_720 160(아래, 오른쪽)

www.bing.com/images

artplastoc.blogspot.com 95; Courtesy Gigacer 68; https3.bp.blogspot.com 138(가운데); Max Röcker, silviafilippelli.com 52(아래); panoramio.com 109; petitcabanon.blogspot.com 25; pinterest.com 59(위, 오른쪽); pt.wikipedia.org 128(오른쪽); Rory Hyde 84(위), 101; search?view=detailV2&ccid... 72, 74(오른쪽), 153(위, 왼쪽), 153(위, 오른쪽), 153(아래), 157; Socks-studio.com 74(왼쪽)

https://dieumaintenant.com/images
assy0007.jpg 70

http://i.pinimg.com/originals 40 75 1d 40751dd66d23663a971bbef4f3c1a449.jpg 142(위)

http://live.staticflickr.com

1115 4605810406_933634f142_b.jpg 135; 6007 6204214446_048fd2a444_b.jpg 137(아래); 3689 11817024676_89e0978615_b.jpg 141

https://www.flickr.com

Duncan Standridge 63(위); people 76074333@N00 131; photos 72746018@N00 6305809373 133(위); wilphid 71

https://www.facebook.com/lescouleurslecorbusier/posts/villa-shodhan-ahmedabad-india-1951this-villa-has-a-story-the-commission-was-give/1807885339343588/ 150(위)

1.bp.blogspot.com-s8fH7ovwuxw UZPszx50hKI AAAAAAAAWzs oL3bEiT4ED8 s1600 media_file_64680.jpg 14

www.ebookextra.it/biennale-architettura-fundamentals-venezia-7-giugno-23-novembre-2014 111

https://architecturalmoleskine.blogspot.com/2015/01/le-corbusier-and-chandigarh.html 138(아래)

BESSET, Maurice, Le Corbusier, Skira, 26(아래), 29, 32

FRAMPTON, Kenneth, Le Corbusier, Hazan, 1997, 116

LE CORBUSIER, Une Maison-un Palais, à la recherche d'une unité architecturale, Les Éditions G. CRÈS et Cie, 1929, 114

LE CORBUSIER, Le Corbusier Oeuvre complète, vol. 6·1952-57, 108

- 저자 소개 -

이관석 李官錫

한양대학교 건축학과를 졸업하고 삼성종합건설에 재직하며 리비아와 사우디아라비아에서 건설현장을 경험했다. 이후 프랑스로 건너가 국립 파리-벨빌건축학교에서 현존 건축가 중 르코르뷔지에의 건축 정신에 가장 정통한 앙리 시리아니의 지도로 건축설계를 연구했고, 파리1-판테온소르본대학교 박사과정에서 근현대 건축사와 뮤지엄 건축을 연구했다. 프랑스 정부공인 건축가이자 예술사학 박사로서 현재는 경희대학교 건축학과 교수로 재임하며 르코르뷔지에와 현대 뮤지엄 건축 연구에 집중하고 있다.

저서로《빛을 따라 건축적 산책을 떠나다》,《한국현대건축편력》,《르코르뷔지에, 근대건축의 거장》,《건축, 르코르뷔지에의 정의》,《빛과 공간의 건축가 르코르뷔지에》,《현대 뮤지엄 건축》,《르코르뷔지에의 건축 수업》,《뮤지엄, 공간의 탐구》,《역사와 현대건축의 만남》 등이 있으며, 역서로《건축을 향하여》,《프레시지옹》,《오늘날의 장식예술》,《느림의 건축을 위하여》,《작은 집》,《대성당들이 희었을 때》 등이 있다.

르코르뷔지에 건축의 자연광과 지속가능성

초판 1쇄 인쇄 2024년 7월 8일
초판 1쇄 발행 2024년 7월 15일

지은이 이관석
펴낸이 김진상
책임 편집 최정미
디자인 이수정

펴낸곳 경희대학교 출판문화원
주소 서울시 동대문구 경희대로 26
전화 02-961-0106~8
팩스 02-961-0291
설립 1960년 9월 16일 제5-8호
등록 1977년 11월 8일 제6-5호
홈페이지 www.khupress.com
전자우편 press@khu.ac.kr

ISBN 978-89-8222-777-6 (93540)